我
们
一
起
解
决
问
题

创业

100 MILLION HAIR TIES AND A VODKA TONIC

AN ENTREPRENEUR'S STORY

逻辑

90后女孩如何卖出1亿根发圈

[丹麦] 苏菲·特莱斯-特维尔德 (Sophie Trelles-Tvede) ◎著

吴彦龙◎译

人民邮电出版社

北　京

图书在版编目（CIP）数据

创业逻辑：90后女孩如何卖出1亿根发圈 / （丹）苏菲·特莱斯-特维尔德（Sophie Trelles-Tvede）著；吴彦龙译. -- 北京：人民邮电出版社，2022.4
ISBN 978-7-115-58770-1

Ⅰ. ①创… Ⅱ. ①苏… ②吴… Ⅲ. ①成功心理－通俗读物 Ⅳ. ①B848.4-49

中国版本图书馆CIP数据核字（2022）第033881号

内 容 提 要

正在创业中的你是否很困惑：为什么读了那么多年书，也看了很多文章，但真碰到一些困境时，依旧退缩彷徨、怨天尤人？在充满挑战和不确定性的商业世界中，正确的思维逻辑和良好的心态能够让创业者在遇到困难和挫折时，激发出内驱力，摒弃脆弱敏感、不知所措或是犹豫不决，选择持续学习、迎难而上。洞悉创业逻辑可以让我们将困惑与挑战变成顿悟与豁然。

本书作者苏菲·特莱斯－特维尔德，在她18岁刚刚踏入异国，开始迷茫而颓废的大学生活时，发明了世界上第一根电话线发圈。在她开始自己的事业后，她经历了产品被剽窃、货船被烧毁、圣诞前夕产品突然被下架、台风摧毁了工厂、与恋人分手等诸多考验。在书中，她用生动翔实的文字描述了她是如何应对这些"灾难日"，以及用成熟的心态克服困难、解决问题的。如今，不到30岁的她已经在全球70多个国家的85 000多家零售店售出了1亿多根发圈，每年销售额高达数千万美元。

成功不在先天，不靠外在，关键在于是否用对了方法。无论你是年轻的大学生，还是正在努力开创自己的"小生意"的创业者，本书都可以给你启发，让你学会韧性成长，直面困难，主动塑造适合自身发展和外部环境的心态与性格，最终收获独属于自己的事业成功。

- ◆ 著　　　[丹麦] 苏菲·特莱斯 - 特维尔德（Sophie Trelles-Tvede）
  译　　　吴彦龙
  责任编辑　贾淑艳
  责任印制　彭志环
- ◆ 人民邮电出版社出版发行　　北京市丰台区成寿寺路 11 号
  邮编 100164　电子邮件 315@ptpress.com.cn
  网址 https://www.ptpress.com.cn
  北京市艺辉印刷有限公司印刷
- ◆ 开本：880×1230　1/32
  印张：8.5　　　　　　　　　　2022 年 4 月第 1 版
  字数：250 千字　　　　　　　 2022 年 4 月北京第 1 次印刷
  著作权合同登记号　图字：01-2021-6177 号

定　价：59.80 元
读者服务热线：（010）81055656　印装质量热线：（010）81055316
反盗版热线：（010）81055315
广告经营许可证：京东市监广登字 20170147 号

感谢我的父母，是他们告诉我讲述故事的价值和意义。

感谢新旗（New Flag）团队和茵维斯啵啵（Invisibobble）团队，你们让我经历了极致疯狂和意想不到的旅程。谢谢！

同时感谢露西·汉德利（Lucy Handley）在我写作过程中给予的所有帮助。

说明：这是一个真实的故事。为了方便，书中有几个人物是现实中多个人物的融合。为了保护隐私，我对有些人的姓名进行了更改。

前言
preface

我正在慕尼黑机场排队，已经等待了大概二十分钟，随着人们在安检处扫描行李，队伍慢慢向前，我感到兴奋的同时又有些紧张。

我将飞往芝加哥向一位客户介绍我的产品，希望这位客户愿意经销，因为他们常与大公司进行业务往来，这将是一场艰难的谈判。

现在无论出席什么场合，在打包随身行李方面，我都已经是一名专家。到达芝加哥之后，我会继续飞往阿姆斯特丹，然后再飞往中国，视察工厂，商议下一批新品发布事宜。我的行李箱的大部分空间用于放置装着我们产品的小方盒。

终于，轮到我了。我把行李箱放在一个塑料托盘上，等待它经过行李安检机，但是它被转送到了可疑包裹的区域。我叹了一口气，等着安检人员开箱检查。

"这是谁的？"一个穿制服的没有头发的中年男人问道。

"是我的。"我回答，忽然莫名地担心自己是否带了枪支或刀具。

"你这里面是什么？它在X光下非常奇怪，"他一边说一边拉开了我的包，"你好像带了一大堆弯弯曲曲的东西，一个叠着一个。"他说道。

弯弯曲曲的东西。是有这种说法。

"嗯？是发圈吗？"他打开我的包时，我说道。

"哦，对。我就觉得很眼熟，"他认出来了，笑着说，"那些螺旋状的发圈不会在头发上勒出印子，也不会让你头疼。每个小塑料方盒装三根发圈？"

我盯着他，扬起了眉毛。**这个没头发的老安保人员竟然知道我的发圈？**

我叫苏菲·特莱斯－特维尔德（Sophie Trelles-Tvede）。2011年的时候我18岁，是英国华威大学（University of Warwick）管理专业的大一学生。我发明了一种螺旋形塑料发圈，并命名为"茵维斯啵啵"（invisibobble）。

　　我和联合创始人菲利克斯（Felix）一共投资了 3 300 英镑①，相当于酒吧里 1 350 杯伏特加汤力的价格。

　　那时候，我们从未想过这个小产品的点子会变成全球品牌，在美发店、药店、高端百货商店、美国大型商超、时尚连锁店、杂货店、美容店、机场、飞机、游船甚至格陵兰岛的冰盖②（它们由狗拉雪橇运送）上销售。我们从未想过我们会改变发饰的制作、营销和销售过程。

　　但不管怎样，我们做到了。自成立以来，我们已经通过全球 70 多个国家的约 85 000 个零售网点销售了 1 亿多根发圈。到 2020 年，我们每天的营业额高达数千万英镑。我们从根本上改变了发饰的类别，并随之改变了发饰产品的零售格局。

　　这是茵维斯啵啵的故事。

---

① 1 英镑约合 8.61 元人民币，由于汇率实时变动，本数据仅供参考。——译者注
② 冰盖，又称大陆冰川，是覆盖着广大地区的极厚的冰层的陆地面积。——译者注

目录
contents

第二部分 从 0 到 1

第三章 孤注一掷才有成功的可能——电话线发圈的从无到有

创业关键词：孤注一掷 幸运

第四章 从小事做起是成功的开始——关注细节至关重要

创业关键词：痴迷 坚定

第十四章　追根究底才能成为"工匠"——探寻生产基地

创业关键词：追根究底　责任

第十五章　直面层出不穷的灾难——将工作和生活分开

创业关键词：干劲　爱

第十六章　享受人生的高光时刻——TEDx 演讲的宝贵经历

创业关键词：享受　相信

第五部分　永远在路上

第二十章　在有意义的道路上不断前行——坚守发圈事业的价值

创业关键词：学习　价值

第一部分

创业想法的萌芽

有的人总想着等到时机合适再开始创业，比如大学毕业或者足够熟悉某一行业，但事实上，如果你不从意识上开始做好准备，创业永远开始不了。做电话线发圈或许出于偶然，但是创业的想法并不是我的一时冲动。

第一章

在迷茫中寻找突破——

电话线发圈的由来

创业关键词：迷茫　灵感

☑ ①异国迷茫而颓废的大学生活
☑ ②天马行空的创业想法
☐ ③概念与实际产品的巨大差异
☐ ④毫无头绪的品牌名

我学会了：

有时你需要强迫自己结识朋友；

无聊是发明之母；

头戴电话圈，远离头疼。

大学生活

哐当哐当，丁零当啷。

还未走进，我就能听到人们把床架扔出卡车的声音。他们吼叫着，咒骂着，把金属框架拉出卡车，一次拉出四五个，然后将它们扔到地上。这些床架看起来像监狱里用的，作为英国华威大学管理专业的大一学生，我将在大学生涯的每个夜晚躺在其中一张床上。

　　一张张床被卸下来，我和妈妈站在学生公寓旁的人行道上。学生公寓是一栋简陋的 20 世纪 70 年代建造的低层建筑，距离大学校园至少有 20 分钟的步行路程（是我预订宿舍时的第四选择）。英国华威大学仿佛是离我们出发的瑞士苏黎世最遥远的地方。

　　1993 年，我出生于丹麦。我还小的时候，我们家搬到了苏黎世，因为我的父母认为苏黎世是创业的绝佳之处。幸运的是，我是在湖边城镇的一个橙红色房子里长大的，那里的居民不足两千，四周青山环绕，牛群聚集，热乎乎的牛粪散发着"清香"。那里的火车总是准点的，城市整洁近乎是所有人的信仰，阿尔卑斯山的空气让人神清气爽，容光焕发。

　　我们沿着公寓长廊走着，我的心情变得越来越沉重。国际学生可以提前一周到校，以便适应别样的大学校园生活，因此现在公寓里几乎没有什么人。走廊上的门紧锁着，我的房间在空荡漫长的走廊的尽头，屋里只有一张床，一个水槽，一个衣柜，一把椅子和一张钉在墙上的长木桌。我不知道以后会发生什么。

"天生臭脸"综合征

　　母亲含泪跟我告别后，我发现如果想要和其他人建立联系，我只能去主校区吃学校提供的免费饭菜。但有一个问题，我有"天生臭脸"综合征，这是从我父母那里遗传的，所以别人很难立刻喜欢上我。而且我还很害羞，不善闲聊（这是我不得不变得更擅长的一件事），我不敢想象自己结交新朋友会有多么费劲。

我注视着镜子里的自己，告诉自己要微笑，然后深吸了一口气。我打开门，看到走廊里站着一个女孩。这是一位名叫玛丽的法国姑娘，我们俩结伴走到了主校区。感谢上帝让我遇到了玛丽。第一学期的大部分时间我都在聚会、睡觉中度过，主要的任务只有努力不让自己因为喝伏特加汤力酒引起宿醉而英年早逝，以及学会处理大学生活那些乱七八糟的事情。

我们 18 个人共用一个厨房，某天有人在炉子上用大锅炖鸡，之后"扬长而去"。因为没有人认领这只煮熟的肉鸡，三周后，有几个人把它扔到了房间的角落。之后我们注意到肉鸡上面长出了一些白色的绒毛，还沿着墙攀缘而上。结果就是，我尽可能不去做饭。

浴室比厨房更加惨不忍睹，尤其是每周三上午。每周二晚上是校园酒吧派对，经过几个小时的拍照、亲吻，或许还有一顿凌晨两点的咖喱饭，我们的消化系统彻底崩溃，把厕所弄得一团糟。

我买了一辆自行车代步，不过有了它意味着我会等到最后一秒才离开宿舍，然后全力赶赴讲座现场。我经常迟到，骑车到那儿已累得气喘吁吁、满头大汗。然而几周后，我几乎不去听讲座了。

寻找学业之外的兴趣点

到了 12 月，一种负罪感油然而生。整整十周的碌碌无为，我的脑海中响起了红色警报。随着圣诞假期将至，我自觉羞愧而空虚。

华威大学的管理学课程一度是我的梦想，但是现实呢？

我感到索然无味。

我在想如何有意义地安排自己的时间。去参加篮球队吗？**不行，我的肩膀和膝盖都有旧伤。去慈善机构做志愿者？但是我能坚持下去吗？**滑雪呢？我报名参加了大学生滑雪队，但当我发现他们在人造草皮上滑雪时，我就马上退出了。

我真的需要对一项活动感兴趣，才能在其中脱颖而出——不然不去也罢。12 月的某一周，我把自己锁在卧室里，急切地想找点事情做。我坐在墙边的书桌旁，想着自己可以制作和销售什么东西——一项副业，希望能让我不再感到无聊和愧疚。

哇，电话线发圈真神奇

一天下午，我突然想到我平时扎橡皮筋总是勒得头疼。它们在头发上绷得很紧，头发扯着头皮，让我头皮疼痛，我感到很不舒服。我想能否在这方面想一些新点子。

那天晚上有一个校园派对，主题是"坏品味"。你必须尽可能地穿上难看的服装，胡吃海喝，让你的服装成为话题（这和我的"臭脸"很搭配）。正要出门的时候，我发现房间座机上的一卷电话线，就把它拔了下来，迅速扎在头发上，在马尾的发根处绕了几圈，这样螺旋的末端就露了出来。它看起来丑极了。

第二天早上我醒来时，电话线还在我头发上。除了几杯伏特加汤力酒让我有点恍惚外，绑马尾辫的电话线没有给我一点儿头皮绷紧的感觉。

我不觉得头疼。

华威大学距离我瑞士的家乡1 190千米，离我当时的男友菲利克斯160多千米，我坐在窄小简陋的宿舍里，想知道自己是不是可能——只是可能——无意中发现了什么有趣的东西。我的胃因为突然的兴奋而微微疼痛。

我，苏菲·特莱斯－特维尔德，一所顶级管理学府的学生，拼尽全力考上这所学校，在第一学期末为与我原以为的截然不同的事如此兴奋。

我对一卷灰色的电话线莫名地激动。

我打电话给菲利克斯，他当时在巴斯大学（University of Bath）的商学院上学，从华威大学坐火车约三个小时车程。

"我去参加坏品味派对，头上戴了一晚上的电话线刚醒来却不觉得头疼！"

"什么？"

"我昨晚用螺旋形电话线扎头发，头一点也不觉得疼！我想我可以用电话线做发圈，这可能是不错的副业。"

紧接着一阵沉默。在菲利克斯看来，我的想法一定是无稽之谈，就好像我试图把耳环卖给狗，或者为金鱼造自行车。

终于，他问道："你花了多少钱？"

这就是菲利克斯。他首先想到的是细节和数字，只有具体的数据证明某个东西可以奏效时，他才会兴奋起来。所以当他质疑这个想法时，我可以理解他。

菲利克斯对自己也不太满意。他的哥哥达尼（Dani）和他哥哥的生意伙伴尼基（Niki）住在慕尼黑，也就是菲利克斯的家乡。他们在德国作为经销商（经销商就是字面上的含义——他们从制造商那里批量购买产品，然后把产品分销到各种可以销售这些产品的地方，比如发廊），经销 TT 梳（Tangle Teezer），日子过得美滋滋。

TT 梳在英国十分火爆，但在德国不甚有名，达尼和尼基因此致力于推广这个品牌。(之前他们经营印有纹章的毛毯,但顾客量有限。)我们了解达尼和尼基的事情,知道他们的生意和生活方式,以及生财之道。坦白地说,我们对他们的成功有些"眼红"。

菲利克斯也清楚我此前经常会因为扎橡皮筋而头疼,当他意识到电话线发圈或许能解决这个问题时,他更加上心了。

"好吧,"菲利克斯在电话那头说道,"你继续说。"

创业逻辑

① 处于大学期间的我们,面对刚入学的迷茫时 | 面对孤单,第一步是走出门,反思颓废,主动发现痛点,然后在生活中寻找灵感

② 当你有一个天马行空的创业想法时 | 不要等到自己"成熟",不妨一试

第二章

抓住稍纵即逝的机会——

让灵感成为现实

创业关键词：质疑　尝试

☑ ①异国迷茫而颓废的大学生活
☑ ②天马行空的创业想法
☑ ③概念与实际产品的巨大差异
☑ ④毫无头绪的品牌名

我学会了：

如果你创造新词来命名产品，那么这个词语一定能出现在谷歌（Google）首页上（至少在刚开始时）；

作为一名学生，创业没有什么好损失的；

吸引到投资是十分荣耀的，但创业并不只有这一种方式。

用电话线做实验

在2011年，发圈或发绳还只是一些被布料包裹的橡皮圈，每包30根，一包售价约1英镑，它们是女性用来扎马尾辫或给孩子扎辫子的必需品。它们很便宜，没有品牌，而且伤头发。

橡皮圈不仅让我头疼，因为皮筋的两端是用一小块金属焊接在一起的，金属块还会卡住我的头发。有时我的头发会有一小团拱起来，我得抓住马尾辫，试图把它捋平。但这通常只会导致更多的头发拱起来。而当我戴着电话线时，我感觉没有一根头发"死命不从"，它们都服服帖帖地被绑在一起。

用电话线做实验的过程中，我意识到另一件事：当我把它从头发上取下来时，头发没有凹痕。我有一头美丽的金色长发，普通的发绳会让头发弯曲，我知道其他不同发质的人也有同样的问题。

努力将创意变成现实

在圣诞假期，也是 2012 年新年将至之际，我和菲利克斯成了电话线专家。我们注意到它们的厚度略有不同，有时电话线完全是圆形的，但大多数情况下电话线内部的一侧是扁平的。直觉告诉我，圆形的更漂亮，也更保护头发。

我们需要一个能把线圈两头粘在一起做成圆形发圈的制造商。从一开始，我们就希望自己的产品与普通发绳有本质的区别。它的材料必须是塑料的，表面是光滑、富有弹性的。它能保持自身不变形，而且戴在头发上是舒服的。

然而，在谷歌上直接搜索"去掉金属丝的电话线"，并不能得到有效的结果，这和做一款新型回形针是不一样的。还有其他螺旋形产品——比如螺旋式笔记本、弹簧、淋浴软管——但它们都有金属部件，这都不是我们想要的。

我们查看了阿里巴巴，它有点类似亚马逊，在那里你可以买到从活的龙虾到遥控震动器等任何东西。我们在那里找到了15 个潜在的供应商，并给他们发了电子邮件，标题为"女孩的电话线橡皮筋"，在当时，这似乎是解释我们想要的东西的最好的方式：一个螺旋形的橡皮筋发绳，形似电话线。

最后，我们找到了一位姓梁（Liang）的供应商，他不仅做金属丝，也做起保护作用的电话线外壳。我们说服他去制作第一批样品，其间不得不进行协商，因为制造商往往有最低订购量要求。所以我给他发了一封邮件，并随口说了一个数字。

原邮件

发件人：苏菲·特维尔德

收件人：梁赵李

发送日期：2012 年 2 月 6 日星期一，上午 7:46，世界标准时间 +0800

主题：回复：回复：女孩的电话线橡皮筋

梁先生您好，

请告知我，样品运输时长和发货时间，从现在起，我将在 24 小时内通过贝宝电汇货款。

若对产品满意，我将下 15 000 个测试订单。若测试订单仍令我满意，我将下 200 000 个正式订单。

谢谢。

苏菲·特莱斯 – 特维尔德

道路总是曲折的

几周后，电话线橡皮筋样品送达华威大学寝室。的确，它们是圆形的发圈，用电话线那种材料焊接而成。它们有不同的厚度和大小，有些电话线里面那一侧是扁平的，有些是圆形的。

但是它们看起来都丑极了。

我想象中应该是一个个色彩鲜艳的螺旋形发圈，手感光滑，小巧可爱。但现实的样品颜色惨不忍睹。它们形状很大，手感粗糙，而且有一股化学气味。但它们是我们的全部了，我至少得试试。

我站在镜子前，把一个电话线绑在头发上，快速地左右摇晃我的脑袋。

发圈没掉。

我歪头，猛烈地摇晃了好几次，就像要把耳朵里的水弄出来一样。

发圈还在原地。

我不停地转动脑袋，就像奥运会的铅球运动员旋转时那么用力。

一切完好。

我疯狂甩头，马尾辫拂过眼睛，但发圈扎得很稳，我也没有痛感。现在发圈戴在头上有点重，但我觉得经过微调，它会是一个非常好的产品。我戴了一个小时后取下来，头发也没有打结。最重要的是，我没有感到头疼。

我跟菲利克斯通话。（作为一个短发男生，他只能相信我。）

"你知道吗，这些电话线发圈很管用。"我说。
"太棒了。我们能成功，不成功便成仁。"

从一开始，菲利克斯就表明不要做"玩票"性质的小本经营，这不能用来养家糊口。我们不做小本买卖，这是我们俩的共识。

想好了就要去做

我认为 99% 的想法都只会止于想象。之前我以为要想创业，必须做到以下几点。

- 获得学士学位。发现自己。发现你感兴趣的事情。（本科 3 年。）
- 获得硕士学位。更深入地发掘职业方向。（研究生 1 年。）
- 获得一份不错的工作。赚钱。经济稳定。（25 年。）
- 创业。创业的想法萌芽于久远的上学时期。（或许他人已经实现了你的想法，你可能什么都做不了。）

这是我的先入之见，我想很多人也都觉得这是成为企业家的必经之路。但我现在已经明白，事实其实不必如此。

当我有制作发圈的想法时，我 18 岁。2012 年 1 月我 19 岁，我们开始创业。我敢肯定如果自己等到 25 年的职业生涯结束后再做，那么我的发饰生意永远不会起步。随着年龄增长，经济风险和个人风险会增加。如果我们继续等待时机，结果就会变成不是别人发明了螺旋形发圈，就是我觉得这个想法过于可笑，不值得拿我全部职业生涯冒险。

茵维斯啵啵，就是它了

女孩的电话线橡皮筋的确有点可笑，但我对它充满信心。在尝试正式销售之前，我们需要取个名字。我需要一个全新的名字，这个词需要听起来贴合女生，可爱有趣，能解释产品的功能。

它还必须是一个谷歌搜索不出结果的名词。这样当确定品牌名称后，人们听到它，好奇地搜索时，我们的产品信息可以出现在首页。

菲利克斯仅仅从字面上理解了我的想法。

一天晚上，我盘腿坐在宿舍的床上，用我的黑莓手机（如今已经停产的一款智能手机）给他发信息。对话大体如下。

菲利克斯：我想到一个绝妙的名字！

　　　　　　　　　　　　　　我：！

菲利克斯：没有痕迹（No Trace）。

　　　　　　　　我：你觉得我们这样取名？？？
　　　　　　　　那是两个词，不是一个词。

菲利克斯：是啊！它没有留下痕迹，
所以"没有痕迹"，理解吗？

　　　　　　　　我：不行。我想创造一个新词，
　　　　　　　　不是把两个原有的词组合在一起。

菲利克斯：无痕（TraceFree）？

　　　　　　　　我：这没有区别！"无"和"痕"
　　　　　　　　都是已经存在的词了。

菲利克斯：弹力无痕（ElastiTrace）！

　　我把我们的想法写了下来。这个列表真是乏善可陈。

没有痕迹（No—TrAce）	无痕（TraceFREE）
弹力无痕（ElastitrACE）	护发好友（HairKindly）
螺旋秀发（SpiralhAIR）	

我突然想起，我的英国朋友霍普（Hope）总把发绳叫作
"啵啵"（bobble），我一直觉得这个名字很有意思。我又想到
这个产品不会留下压痕。2012 年 2 月的某天晚上，"茵维斯
波"（invisible）这个词突然闪过我的脑海，如果把词尾的"波"
去掉，把它和单词"啵啵"拼在一起，就是"茵维斯啵啵"
（invisibobble），听起来似乎是一个无痕不伤发的发圈。

还是坐在床上，我在谷歌里输入"茵维斯啵啵"。

"你是想搜索看不见的泡泡（invisible bubble）吗？"谷歌
回复。我点击了"看不见的泡泡"第一个搜索结果。弹出的页
面这样写道："每个人的周围都有一个看不见的泡泡。这个泡泡
限制了安全距离，避免其他人靠太近而紧张不安，但这也同时
束缚了两个想要靠近的人。"

虽然看不见的泡泡听起来就像是我希望自己拥有的超能力，
但它和发圈相去甚远。

"茵维斯啵啵"没有搜索结果。没有结果！

接下来我可能放不下"茵维斯啵啵"这个名字了。或许不
是它，但万一是呢，所以我对自己说，记住这一刻。

菲利克斯觉得"茵维斯啵啵"这个名字可以接受，虽然比
不上他提出的那些绝妙的名字，但是我们硬着头皮开始设计商
标。为了让"茵维斯啵啵"便于阅读，我们分别用不同深浅的
绿色写下"茵维斯"和"啵啵"，用廉价的学生版图像处理软件
（Photoshop）进行了设计。并且在下面补充"无痕发圈"。直到

今天，我们的包装上依然有这行字。

在质疑声中前行

　　你可以出售复杂的核反应堆，也可以卖简单的石斧，我们的茵维斯啵啵螺旋发圈确实更像是后者。但这并不意味着它不是一个好的发明，虽然在一开始有很多朋友这么认为。他们似乎对我的发圈持怀疑态度，这让我有些恼火。

　　"看起来像一种奇怪的弹簧。"
　　"不会缠在你头发上吗？"
　　"是不是有人把这个吐在你身上了？！"

　　很多人说它丑，因为他们不喜欢这个颜色，或者觉得不够时尚。把一个看起来像电话线的东西绑在头发上，这是一个非常奇怪的想法，因为从来没有人做过这样的事情。

　　大学里有几个人得到了2.5万英镑的资助，他们计划制造一个可以通过智能手机远程控制的智能灯泡部件。这个想法很好，这个项目也因此获得投资，风光一时。我们的产品没有得到投资，反响最多算是将信将疑。

　　发圈是一个低投入的功能型产品，跟厕纸差不多。只要厕纸把屁股擦得差不多干净，人们就满意了，反正差不多就行。

你需要它，但不会对购买它充满期待。

但是我们有机会让发圈从像厕纸似的工具性发饰变成备受人们青睐、想要购买的奇货——而且愿意花更多的钱。

创业逻辑

③ 当你发现自己的想法实施后，与预想差异巨大时｜接受开始的不完美，从你最初始的创意思考，它是否还可以继续

④ 当你需要为新的品牌命名时｜1. 从宣传平台的规则入手
2. 找团队／朋友一起头脑风暴
3. 或许可以结合产品的特质

二

第二部分

从 0 到 1

有了创业的想法，接下来就是付诸行动。花光积蓄、研究产品、注重包装、寻找订单、选择物流，这些都是创业之中我们要经历的环节。这里没有成功的规律，需要我们全身心投入，在各个环节下功夫。电话线发圈的从 0 到 1 实属不易。

第三章

孤注一掷才有成功的可能——

电话线发圈的从无到有

创业关键词：孤注一掷　幸运

- ☑ ⑤周围的人对你的想法嗤之以鼻
- ☑ ⑥对陌生行业的一无所知
- ☐ ⑦第一次亏损
- ☐ ⑧与父亲的大宗商品相比，发圈似乎不值一提
- ☐ ⑨实现了 0 到 1，开始 1 到 100
- ☐ ⑩容易被轻视的年龄
- ☐ ⑪学业与事业的冲突
- ☐ ⑫复杂至极的物流
- ☐ ⑬严重的产品质量问题

我学会了：

💡 选择过多会让人无从购买；

💡 创新和效率是创业的要素；

💡 对某一行业一无所知可能会成为你的优势。

花光积蓄做样品

尽管不被人看好，我依然格外激动。而菲利克斯监督了我们的工作进度。那天我去巴斯找他，想在我们为了茵维斯啵啵忙碌一天后出去放松，但是他要熬夜完成商标设计，以及为我们的网站写文案。

读大学前的那年冬天，我们俩都做过滑雪教练。当时我在瑞士，薪酬丰厚，而菲利克斯所在的奥地利酬劳很低。我的时薪是每小时 25 瑞士法郎（约合 21 英镑），除此之外还有小费。
而且我不需要缴税，因为我的收入低于当年瑞士的最低缴税
标准。

我们每人存了 1 650 英镑。菲利克斯工作比我辛苦得多，我
们从没想过会把人生的大部分积蓄花在成千上万根颜色鲜艳的
小塑料圈上，这些最终会被装在集装箱里从中国运送过来的塑
料圈。

但我们这么做了，只要样品让我们满意，与阿里巴巴商家
的首批 15 000 根茵维斯啵啵订单将花费 3 000 英镑。这项投资
举足轻重——尤其在受到众人的嘲笑后——但是我们坚信这么
做是对的。新鞋子或者假期不急于一时：这是一个可行的创业
方向。

3 000 英镑包括了包装费，因为我们需要找到一种更有趣的
方式包装发圈，而不是简单地把它们固定在一张硬纸板上。我
看到过两瓶指甲油被放在密保诺密封袋里出售，这个包装看起
来很可爱，所以我们把图发给梁先生，让他生产 5 000 根。我们
还请他制作可以装 5~10 根发圈的大号密封袋，并让他在包装上
打印我们计划售卖发圈的网址。

我们需要货品快速送达，因为除了菲利克斯设定的确保生
意稳步推进的期限外，我们有一个货真价实的期限即将到来：
德国法兰克福美容美发展览会。届时采购商和发廊会参加这个
大型交易会，产品从假发到美发店家具，应有尽有。达尼和尼

基合作的经销企业"新旗"（New Flag）将在展会上搭建 TT 梳展位，这是一个将茵维斯啵啵推销到专业美发行业的巨大机会。还有两个月展会就会开幕。

2012 年 3 月 17 日（星期六）凌晨 1 点 49 分，菲利克斯给我发了一封电子邮件："在我哥哥和尼基去美发展览会前，我们真的需要这些发圈。这会让我们有一个好的开始。"他写道。五天后，我又收到了一封催促邮件。

> 发件人：菲利克斯·哈法〈felix@invisibobble.com〉
> 收件人：我
> 发送日期：2012 年 3 月 22 日星期四，上午 1:23
> 主题：嘿，快看我发的邮件

和菲利克斯的相识、相知

我和菲利克斯相识于苏黎世高中。在正式约会前，我只知道他是那种有几个亲密玩伴的英俊男孩，我从没见他笑过，他们那伙人看起来不好接近，甚至有些高傲。

后来我们参加学校组织的旅行，一起去意大利加尔达湖游玩。我们开始交流，我认识他后，才发现他只是内敛，而不是傲慢。回苏黎世后他便约我出去见面。

菲利克斯说他觉得我羞涩又漂亮，不敢和我说话。他在任何事情上都竭尽全力，把和朋友一起相处的时间用来学习，而我在学校更善于交际。但我们的共同点是，我们都喜欢独立钻研。他是我见过最上进的人，痴迷于细节，总是努力做得更好。直到现在，如果我们销售了 100 万英镑的商品，他都会说："为什么不是 200 万英镑？"如果我们得知交易没有按照计划完成，他就会一天问我三遍，直到事情解决为止。

菲利克斯讲究实际操作，我更关注创新。我非常注重品牌经营，并且目光长远。而菲利克斯更看重数字，以及我们如何快速变现。我认为成功的商业伙伴关系需要这两种人，尽管这个过程会产生一些分歧。

最初的 15 000 根发圈

2012 年 3 月，作为青少年的我们尽管涉世未深，但已经踏上了征途，等待着 15 000 根小螺旋塑料圈和 5 000 个小袋子从远在中国的梁那里送往慕尼黑的菲利克斯父母家里，我们也准备在不久后的复活节去他父母的家。

当时，我们的小发圈直径约 2.5 厘米，有 27 种不同颜色。我们为颜色创造了名字。例如，"潜水艇黄"[①]（Submarine

---

[①] 潜水艇黄的想法源于甲壳虫乐队 1968 年的畅销单曲 *Yellow Submarine*（黄色潜水艇）的唱片封面。

Yellow），因为它非常明亮；还有一种像泥泞的颜色，我们叫它"海龟绿"；亮蓝色被称为"太空蓝"。我们有着丰富的想象力。

现在看来，刚开始的 27 种颜色和 3 种尺寸的包装袋过于繁杂了。事实证明，超市里产品种类越少，就越有可能被购买。试想，如果有 3 种果酱——草莓酱、树莓酱和杏酱，你的选择简单明了。但如果有 20 种草莓酱、20 种树莓酱和 20 种杏酱，以及这 3 种酱的各种混合果酱，这就会过犹不及，人们往往会放弃购买。

但不管怎样，当时到货后我们立刻把它们摊放在菲利克斯家的客厅地板上，将 15 000 根发圈按照颜色分开摆放，地毯上好像划过一条巨大的"彩虹"。为了腾出更多的空间，我们将桌椅和沙发慢慢挪到了墙边。

我们坐在地板上，在成堆的发圈之间爬来爬去，把它们装进 2 根装、5 根装和 10 根装的印着茵维斯啵啵品牌名的包装袋里，有的包装有不同颜色的组合，有 5 根装和 10 根装的纯黑色发圈。整个房间闻起来就像塑料工厂。大概三天后，菲利克斯的爸爸过来了。他之前极力反对这件事。

"把，它们，全部拿走！"他叫嚷着，面红耳赤。我相信菲利克斯的父母并未意识到我们将会带来多大的变革，他们必然也不明白我们为何坚信有人真的会为螺旋发圈埋单。幸运的是，菲利克斯的哥哥在慕尼黑为新旗租了一间仓库，所以当我们打包好 15 000 根发圈后，达尼让我们把货物搬到那里去。

我们有了品牌名称和产品，现在，需要设计网站。我们借助加拿大电子商务平台 Shopify，拍照上传了一个朋友头戴各种颜色发圈的照片。我们的商标设计得与海龟绿发圈很搭配，主页滚动播放几张照片：朋友马尾辫上的各种发圈，彩色发圈 10 根装，红黑黄发圈组合，以及 9 根海龟绿发圈——看起来像一堆蜷缩着的毛毛虫。

网页上包括产品信息，颜色信息，"关于我们"，德国、奥地利和瑞士的海运选项，以及常见问题。看起来相当专业。

接到了第一个订单

网站上线当天，我们接到了第一个订单。

一位叫作乌韦·本哈德（Uwe Bernhard）的德国人以 7.6 英镑的价格订购了彩色发圈 5 根装，并支付了 1.8 英镑的标准运费，总计为 9.4 英镑。

本哈德先生无意中发现了我们的网站，浏览后便决定下单。我当时感觉十分奇妙：一方面，我欣喜若狂，这种感觉简直前所未有、无与伦比、世间罕见！而同时，一个年龄、发型和职业未知的男人看到了我们的发圈，喜欢它们，并且掏出信用卡下单购买的事实，也让我们哭笑不得。

初生牛犊不怕虎

我们不是不相信发圈，而是说到底，我们只是两个对自己所做的事情毫无概念的普通青少年，但是突然从一个陌生人那里赚到了 9.4 英镑。我们喜出望外，小心翼翼地将一小袋发圈放进小纸箱里，并附上了一张手写的送货单和感谢卡片。我们希望如果本哈德先生购买了发圈，其他订单也能接踵而来。

购货订单不断涌来。生意不错的时候，我们一天可以卖出价值 45 英镑到 63 英镑的产品。但我们知道，一直在网上接小订单成本的效益并不高。要想更赚钱，我们需要找到一个分销商。达尼和尼基建议我们将发圈随 TT 梳订单一起免费提供给发廊，有可能美发师会喜欢，从而开始订购茵维斯啵啵。

我们当时不知道的是，发廊经常与欧莱雅、施华蔻等大公司签订独家购买协议，只销售来自这些公司的洗发水，如卡诗和列德肯等品牌。不过发饰因为没有独家协议，所以进入发廊不成问题。

如果提前知道这些规则，或者了解任何关于美容美发行业的"内幕"，我们都可能望而却步，或者觉得把茵维斯啵啵和 TT 梳放在一起是不对的。但当时还是孩子的我们对此一无所知。说真的，我们甚至无知到不知道我们的无知。

美发师很喜欢和 TT 梳一起寄过去的茵维斯啵啵。因为发圈十分小巧，他们需要找个地方存放。我们商议，美发店可以花

46 英镑购买 100 根发圈，我们赠送一个玻璃鱼缸式的罐子，让他们把发圈放进去，这样顾客在做完头发后可以买一包发圈。花 4.6 英镑购买 3 根发圈与他们的理发费用相比，根本算不了什么。

　　尽管菲利克斯的父亲非常不耐烦，我们还是为法兰克福美容美发展览会准备好了发圈。因为华威大学的考试临近，我去不了展会，但是随后发生的事情让我们大吃一惊。我的父亲经营自己的企业，因为他对发圈很感兴趣，所以我向他汇报了这个最新进展。

> 发件人：我
>
> 收件人：特维尔德
>
> 发送日期：2012 年 5 月 17 日星期四，下午 12:56
>
> 主题：一则小更新
>
> 　　法兰克福的展览会上，有一个拥有 10 家美发店并与德国 600 多家美发店有联系的人，他对我们的发圈很感兴趣。
>
> 　　他给的价格不高，但如果我们达成协议，那就棒极了。我们可能即将在德国 600 多家美发店售卖发圈，这是一个很好的开始。这样一来，我们的品牌将得到广泛宣传，并很有可能在大型百货商店销售！太令人兴奋了。
>
> 　　苏菲

　　这位客户叫作瑞克·瓦尔（Rick Vahr）。他为自己的美发店订了几百个茵维斯啵啵。如果卖得好，他可以很容易地把样品给到销售人员，然后推销到其他美发店，因为我们的产品很小巧。

如果成功了，他可能会和我们签订一份协议，把产品分销至其余 600 多家美发店。我们只有 15 000 根发圈，所以我们必须继续生产。

创业逻辑

	⑤ 当周围的人乃至至亲完全不理解甚至反对你的创意时	如果坚信，便放手一搏，越年轻可损失的越少；先让产品面世，说不定机会就在转角
	⑥ 当你对行业一无所知时	没有行业认识，会让你尝试常规思维之外的销售方式

第四章

从小事做起是成功的开始——

关注细节至关重要

创业关键词：痴迷　坚定

- ☑ ⑤周围的人对你的想法嗤之以鼻
- ☑ ⑥对陌生行业的一无所知
- ☑ ⑦第一次亏损
- ☑ ⑧与父亲的大宗商品相比，发圈似乎不值一提
- ☐ ⑨实现了 0 到 1，开始 1 到 100
- ☐ ⑩容易被轻视的年龄
- ☐ ⑪学业与事业的冲突
- ☐ ⑫复杂至极的物流
- ☐ ⑬严重的产品质量问题

我学会了：

别人的观点有时令人厌烦；

但别人也能为你提供意想不到的思路［感谢美发师黛比（Debbie）］；

世上没有神奇的发圈小仙女。

了解产品的用户体验

开始的9个月里，我满脑子想的都是我们的发圈能不能成功，并且竭尽全力做到最好。我不希望人们只是因为发圈看起来时髦或怪异（褒义词）才买它，而实际上的使用体验不好。我们的茵维斯啵啵一定要做到完美。

我有一头柔顺的长发，是典型的北欧发质，因此我还需要了解我们的产品在其他发质上的效果。当时，我给校园里的同学分发发圈，观察她们把头发扎起来的情况。

对话通常是这样的。

我：嗨，你看过这个新款发圈吗？

学生：那是发圈？不会打结吗？

我：你想免费试用吗？

学生：免费？当然可以！虽然我可能以后会弄丢。

我：你扎头发的时候我可以观察一下吗？

学生：好呀。

当你发明了一个前所未有的产品后，你会痴迷于观察人们如何使用它及穿戴它。是真的痴迷。当我们第一次在慕尼黑的公园看到一位头戴茵维斯啵啵的女士时，我和菲利克斯追着她走了"半个世纪"，我们睁大双目，眉飞色舞，在她身后偷偷地击掌庆贺。你无法想象当看到有人为你的产品花钱时，你会有多么振奋。

意想不到的产品新功能

我之所以想观察人们使用这个产品的过程，是想看看她们是否和我有着同样的感受，是否觉得这款产品易戴易取。几周后，我在校园里看到了之前的那几个学生，她们的茵维斯啵啵还没有弄丢，因为她们可以在不扎头发的时候把它当作手镯一样戴着，而这也正是我在做的事情。这不在计划之中，但每个人都选择这样做。

那些人手腕上戴着茵维斯啵啵，表明她们愿意像使用普通发圈一样使用茵维斯啵啵，尽管两者外观非常不同。这给了我十足的信心，我相信这款产品在某些方面是成功的，因为我曾向很多人推荐过这款发圈，他们都不以为意。女生有自己扎头发的方法，并且已经习惯之前的产品形式了。而且她们对发圈的看法和对厕纸的看法是一样的：都是无趣的必需品。

首先，我们的发圈并不完美。它们会伸长，但不能恢复原状，所以我们必须做很多改进。但我清楚我已经解决了凹痕和头疼的问题。我不断告诉自己，如果我可以看到产品的价值，其他人也一定如此。

寻求专家的帮助

我也明白我们需要得到专家对发圈的评价。这就需要美发师了。我们发现，这个产品不仅不会让头发留下凹痕或让人头疼，而且取下来的时候也不伤头发。美发师们很喜欢，也和顾客聊到了它，这意味着我们可以把"不伤发"印在包装上了。

大多数美发师一两个月只下一次订单。不过，我们从一位叫作黛比的女士那里获得了较多订单，大约一周两次。或许她

有一家位于市中心的大型发廊，全天营业，又或许她的销售人
员太过出色吧。

2012 年 9 月 3 日，我给菲利克斯发了一条短信。

我：黛比又下单啦！

菲利克斯：她这次订了多少？

我：好像是 300 包。

菲利克斯：她把它们当糖果吃吗？

后来我们才了解到，她是德国某城镇的一名普通美发师，她
把茵维斯啵啵用在我们意想不到的地方：盘发。有人理完发后，
她会用我们的塑料发圈免费帮他们盘成发髻。黛比用 1 个茵维斯
啵啵就能做发型，不再需要 3 个普通发圈和 15 个金属发夹。

这着实有趣。我对这款产品制定了清晰明确的目标，就是
不让人头疼。菲利克斯的目标也十分明确，那就是让有巨大市场
潜力的产品大卖。同时，他也热衷于高效生产。而美发师为我们
提供了其他各种各样的角度，比如发圈光滑的表面不会伤头发，
以及发挥创意用它来梳发髻。他们是在为我们发展业务！

这有着重大的意义，我们之后开始和黛比一起设计不同的
发型，并把它们拍下来上传到视频网站 YouTube（有时翻译为
油管）；对于新产品来说，合适的内容至关重要。菲利克斯对发

型一窍不通，相信我，他的确是一位门外汉。但他是个生意人，完全明白和黛比合作的意义。现今，我们仍在与美发师们合作，他们的视频教程经常有成千上万的浏览量。原来，世上还有更多的黛比。

魔鬼藏在细节里

在法兰克福美容美发展览会结束一个月后的某一天，我和菲利克斯在他家打包发圈（这次是在地下室）。菲利克斯查看电子邮箱，看到和600多家发廊有联系的瑞克发来了新消息。瑞克的尝试成功了，他决定下订单。我们简直不敢相信：一位正经的商人看到了这款产品的潜力，仅仅在我们刚开始创业不到六个月之时。我们有活儿干了，我们就像白雪公主和七个小矮人里的小矮人兴高采烈地把开采出来的钻石一一打包，哼唱着"嘿吼嘿吼"，在音乐声中欢呼前进那样开始工作。

我们从亚马逊上订购了更多的玻璃罐，印了一些茵维斯啵啵的贴纸，花了一整个下午的时间把贴纸贴在玻璃罐上，并在里面装满了彩色发圈。另外我们还打包了一些5根装和10根装发圈的小包装袋。然后，我们小心翼翼地用纸包好玻璃罐，把它们放在纸板箱里，等待着第二天送往邮局。一共大约有10个纸箱，我们发货后就给瑞克发了信息，告知他货物已经邮出。

三天后，瑞克回复了信息。我们精心包装的罐子有一半摔成了碎片，我们得回到地下室重新开始。这次我们选择了气泡纸及更厚实的纸板箱。我们此时才知道硬纸板有几种不同的类型（以前谁知道呢？），我们需要双层瓦楞纸板——有两层瓦楞纸板加固纸盒的每一个面。包装的错误选择既费时又费钱，但错误让我们高度认识到了细节的重要性。魔鬼藏在细节里。

此后瑞克不断下单。每收到一次订单，我就会写一张发票，这是我在无趣的大学课上经常做的事情之一。

或许老师都以为我在做笔记。其他管理专业的学生看到我会咧嘴一笑，打趣地说："噢，苏菲，您的到来让我们蓬荜生辉！"

尽管不会有老师发现我逃大课，但研讨会是个难题。之前我让一个朋友在研讨会的出勤表上代签我的名字，这在一定程度上可行。但是问题在于老师记不住所有人的姓名，所以他们会按照出勤名单点名问问题。如果你缺勤三次，那么学校会告知你的父母。所以，我还是得上一些课，但我总是尽可能地试探底线。

暑假期间，我、霍普和其他几个女生一起去巴塞罗那游玩。此时霍普才发现茵维斯啵啵是一项真正的事业。我在苏黎世上学的时候认识霍普，我们是最好的朋友——从刚开始我们便坦诚相待。每天我们在假期的宿醉中醒来，当朋友收拾好要去海边时，我会变得，用霍普的话来说，"特别讨厌"。

"我有点事情要做。"我说。

"你有什么事情必须现在做吗？"霍普问道。

"我要开一些发票 ① 。"

我用 Word 文档写发票，存为 PDF 格式，再用电子邮件发送给订购发圈的人，霍普在一旁哈哈大笑。我总是非常亢奋，早上六点就起来检查订单，然后把发票打印出来。

当时，我们的订单金额已经达到每天 100 英镑到 450 英镑。幸运的话，一天可以卖到 1 000 英镑。对于一个 19 岁，在大一开始尝试创业的人来说，这是一笔巨款，对于所有的小本经营者来说也是如此。我们起步便开始盈利：在创业的最初几个月，我们就有可观的销量，3 300 英镑的投资迅速回本，并把盈利用来制作更多的发圈，以完成更多的订单。

但对我父亲来说，这笔钱少得可怜。

你要知道，我父亲并没有一份传统意义上的工作，他自己创业，为了发家致富涉足了各种领域。他非常擅长铜等大宗商品的交易。我记得我还小的时候，有一天他放下电话后告诉我，他刚买了铜。两周后，我问为什么还没有送到我们家。

我："爸爸，铜什么时候发货？"

父亲："铜不会送到家。"

_____

① 这里的发票的含义是费用清单。

我："那你为什么买它呢？"

父亲："我只是暂时买了它，然后我要卖掉，可能在两个月后。"

我："那是什么意思呢？"

父亲："是这样的，现在铜是我的，它的价格之后会涨起来，那时我就能卖掉它赚钱了。"

还有一次，我穿着睡衣坐在厨房里，一边看动画片《海绵宝宝》，一边吃着三明治。父亲走了进来，坐在我旁边，脸色有些苍白。

我："你还好吗？"

父亲："我刚抵押了房子。"

我："为什么？"

父亲："土耳其里拉^①暴跌，现在买入的话，我能得到巨额的利润和回报。"

我不在此谈论外汇交易的细枝末节，但我想说的是，我父亲有时会在外汇上下很大的赌注，但他并不总能赌赢。我又继续看我的《海绵宝宝》，尽管这次他赌对了。

我父亲的赌注总是巨大的，所以我在塑料发圈上赚的几百

---

① 里拉是土耳其的货币单位。

英镑丝毫无法引起他的注意。他也不明白人们为什么购买这款发圈，而且还会复购。直到他在机场排队，看到越来越多的女人头发或者手腕上戴着我们的发圈，他才发现茵维斯啵啵广受欢迎，而且各种颜色（随着我们继续生产，还有各种大小）都有需求。我父亲对女士配饰一窍不通。

他也没有真正想过晚餐吃的鸡肉是如何运往超市，或者牙膏是在哪里制造的。我想对他来说，这些东西都是突然出现的。就好像我们家客厅的沙发是魔法变出来的一样，上帝说，"来吧，沙发"，沙发就出现了。

专注软件或金融等虚拟商品的人士可能无法想象，实体产品涉及的繁复的工序。这也能够理解。现在仍然有人会问我是否有其他的全职工作，仿佛茵维斯啵啵会像魔术一样，由魔法圈小仙女送过来，突然出现在商店里。

创业逻辑

⑦ 面对第一次亏损	不要退缩，认真复盘避免下次同样的错误
⑧ 开始之后，突然意识到对比起来自己的生意不值一提	无须对比，每个产品都有自己的独特性与不可或缺性

第五章

认准方向就要一往无前——

小生意步入正轨

创业关键词：再接再厉　一往无前

- ☑ ⑤周围的人对你的想法嗤之以鼻
- ☑ ⑥对陌生行业的一无所知
- ☑ ⑦第一次亏损
- ☑ ⑧与父亲的大宗商品相比，发圈似乎不值一提
- ☑ ⑨实现了 0 到 1，开始 1 到 100
- ☑ ⑩容易被轻视的年龄
- ☐ ⑪学业与事业的冲突
- ☐ ⑫复杂至极的物流
- ☐ ⑬严重的产品质量问题

我学会了：

💡 当你自己做生意时，如果你看起来像个小孩儿，人们可能不会对你认真；

💡 外观怪异的产品也可以风靡起来；

💡 用全新的方式进行包装，这对成功至关重要。

进入大二的我们

2012 年 9 月，我和菲利克斯开始读大二。显然，我们必须更有条理。我们已经卖出了价值约 46 000 英镑的茵维斯啵啵，销售给英国和德国的美发师。我们制订了年度计划，要么再接再厉，要么另起炉灶。

我熬过了在宿舍的第一年，熬过了如同监狱床位一般的床

架、堵塞的厕所和厨房里的白色绒毛物质。不过，我决定之后
和两男两女搬到莱明顿温泉镇（Leamington Spa）的一座半独立
的维多利亚式住宅，莱明顿温泉镇是一座以 19 世纪早期的摄政
时期建筑而闻名的风雅小镇。

尽管住宅很丑，但至少我的房间是方正的。英国人有个怪
癖，设计师们喜欢在房间里添加各种斜角，比如飘窗。房间看
起来没有任何直角，因此很难装进家具。我的房间在一楼，这
糟糕透顶了，因为旁边就是主街。我把桌子塞到飘窗旁边，这
样每个经过的行人都能看到我，我可以在做塑料发圈或偶尔做
做作业时，观察经过的行人。

我了解莱明顿温泉镇的所有八卦。

凌晨两点，我经常会被这样的对话吵醒。

醉酒女学生 1，大声说："我不敢相信我亲了菲特·菲尔
（Fit Phil）。"

醉酒女学生 2，大声说："太好了，你不是喜欢他很久
了吗？"

醉酒女学生 1，大声说："你不懂。十分钟后他就和蒂娜
（Tina）一起回家了。"

醉酒女学生 2，大声说："我一直很讨厌蒂娜。"

我听得一清二楚。

不要小瞧 14 欧元的罚款

与此同时，在慕尼黑我们的朋友达尼和尼基为新旗租了一间办公室，旁边有一家名叫"叫我德雷拉"（Call Me Drella）的酒吧。德雷拉是酒吧主人安迪·沃霍尔（Andy Warhol）给自己取的昵称——结合了灰姑娘（Cinderella）和吸血鬼德古拉（Dracula）两个词语。酒吧以杂技表演出名，要求顾客必须盛装出席。这对达尼和尼基而言并不困难，他们常常加班到深夜，可以径直从办公室走到酒吧。

达尼和尼基聘请了他们的一位朋友丽莎（Lisa）来管理办公室、开发票和发工资。她的办公桌是一个倒放的木箱，表面歪斜还有碎木片，上面放置着她的鼠标。达尼的办公桌看起来像一个巨大的藏宝箱，它如此之大，以至于必须用起重机把它从窗户运进办公室。后来，我在这间办公室工作时，曾有过一张看起来像大型飞机机翼的办公桌。

和许多初创企业一样，新旗一开始运转并不高效。丽莎入职后不久的一天，她一个人坐在办公室，旁边是一堆没拆封的信件。她打开了第一封信件：

> 新旗股份有限公司
> 麦克斯·约瑟夫·施特拉贝
> 80333 慕尼黑

> 德国
>
> 2012 年 10 月 2 日
>
> 亲爱的新旗：
>
> 我们在 2012 年 7 月 2 日、8 月 2 日和 9 月 2 日的信件末尾已提醒过您缴纳 14 欧元逾期款项，现我们已组织第三方讨债人在以下日期和时间追讨未偿付金额。
>
> 2012 年 11 月 2 日
>
> 上午 10 点
>
> 若拒不遵守，将导致刑事诉讼。
>
> 谨启，
>
> 慕尼黑印刷公司

丽莎看了一下时间，当时是 2012 年 11 月 2 日早上 9 点 40 分。20 分钟后，讨债人就要到了。她立刻打电话给达尼。

"嗨，我是丽莎。"

"嘿，什么事？"

"我打开了一封信件，上面说你如果不在 20 分钟内赶回来，你就要被捕了。"

丽莎拨通了信件上的电话，给印刷厂支付了 14 欧元（12.5 英镑），因此没有讨债人登门拜访。结局是好的，但是当你的事业刚开始腾飞的时候，这类事情很值得警醒。之后我们发现，再少的金额都能影响你的信用评级。有趣的是，产生这笔逾期款项的打印业务要打印的是贴在办公桌上面的标志，标语是——"我最喜欢的职位是总经理"。真是令人啼笑皆非。

在我们的朋友圈子里，尼基和达尼被称为"卖塑料发梳的男孩"，现在他们也在帮我们做塑料发圈的生意。丽莎当时跟我说，尽管她觉得发圈有一点酷，但同时觉得它们巨丑无比。不仅颜色难看（"潜水艇黄"不畅销），而且形状古怪（"你为什么要把钥匙链戴在头发上？"）。

就像很多你起初厌恶的潮流一样——霓虹T恤、松糕鞋或巨型运动鞋——一旦人们习惯了它们的样子，它们就会变得很酷。此外，人们手腕上戴着茵维斯啵啵，正如丽莎所说，这是一个非常有效的广告方式。

前所未有的产品包装

同时，对于如何使我们的产品完全不同于当时任何其他发饰，我们有一个想法。我认为其对茵维斯啵啵的成功至关重要：前所未有的产品包装。

正如我说过的那样，发圈不是讨人喜欢的商品，我们也一直采用密封袋包装，看起来并不好看。我知道我们必须做点什么让产品脱颖而出。所以在暑假期间，我开始用纸板做一些正方形或长方形的小盒子，分别可以装下 1 根、3 根、6 根、10 根或 50 根茵维斯啵啵。

我想模仿纸板箱，制作一个透明的样式，同时要让它们外形像糖果一样可爱。在发圈的销售过程中一个小小的改变最终颠覆了行业规则，而这也帮助我们的产品实现了盈利、提升了辨识度，成了行业的风向标。

包装赋予了发圈无形的个性。我们可以利用包装为发圈取一些有趣的名字，比如"薄荷绿"而不是简单的"绿色"，"绯红时分"而不是无趣的"粉红"。我们还可以利用立方体的六个面发挥创意，展现发圈的与众不同之处。

我们还想过，发廊可以进行一些有趣的展示。有一个周末，我到巴斯去看菲利克斯，我们全部时间都在拆麦片包装盒，然后把它们做成理想的展示架。最后，我们设计了一个带有纸板台阶的方盒展示架，上面可以放 24 个可爱的立方盒，这几乎和我们今天的设计一样。我们在网上找到了展示架制造商，下的第一个订单大约是 300 个。如今我们还在合作，茵维斯啵啵是他唯一也是最大的客户。

小生意步入正轨，我们要再接再厉

菲利克斯和我一直在尝试联系英国的经销商，一段时间后我们终于和英格兰北部一个我们从未听说过的小镇上的一个人约定了见面。经销商对于产品制造企业至关重要，因为他们和零售商及发廊有密切来往。合适的经销商能够帮助企业发展。

在会面的前一天晚上，我们乘坐北上的火车，在旅馆房间的小床上，一遍遍演练着我们要说的话。我们去了英国史密斯书店（WHSmith），买了最漂亮的钢笔，想着比起塑料圆珠笔，它会让我们看起来更加成熟而专业。我们幻想着《龙潭虎穴》（Dragon's Den）和《创智赢家》（Shark Tank）的场景：四个商人坐在一间屋子里，在裸露的砖墙背景下，他们脸上洋溢着兴奋的光芒。而我们站在那里，推销着这款塑料发圈。在我们推销结束后，他们会为谁来投资而争吵不休。

然而现实根本不是这样的。

会面安排在一个没有暖气的小房间里，这家父子经营的企业起初只有儿子到场。然而他对茵维斯啵啵似乎信心满满，所以最终父亲也过来了。

他叫皮特，天气太冷了，他必须穿着外套坐在那里，这就是他的意思。但是东北口音的英语有时很难让人理解。

大多数时候，他似乎对我们的产品毫无兴趣。我完全理解，我们的产品外形古怪，价格还比普通发圈更贵。但是随着我们深入沟通，他发现我们对此是有过深思熟虑的。对于他的销售人员来说，销售洗发水和其他护发产品的同时，搭售茵维斯啵啵的形式有利可图，也简单易操作，这在业务上被称为"湿营销"(wet lines)[①]。因此在会议结束时，皮特为他刚开始的抱怨和冷淡道歉，说他认为我们做了充足的功课。菲利克斯和他的儿子最终签约，他们成了我们在东北地区的经销商。

我们当时 19 岁，但说实话，我们看起来像 15 岁（青春期来得比较晚），所以我觉得我们的样貌有时会被人轻视。小孩子的身份向大人介绍产品着实可笑，我认为我们的年龄至少应该以 2 开头，所以我们开始告诉别人我们 22 岁。

他们有时并不买账，所以我们又不得不改口承认自己还是青少年。但通常人们一开始的反应是积极的，有些早期建立的关系现在也还维持着。为我们生产透明塑料包装的人说，刚开始合作的时候，他感觉我们像是他的孙子、孙女。

尽管我们有自己的包装和产品介绍，在慕尼黑也拥有名义上的办公室（新旗支援了一张办公桌），但其实我们才经营茵维斯啵啵几个月之久（当时大约是 2012 年的秋天），所以我们就像是毫无章法的菜鸟。菲利克斯和我需要与经销商洽谈，向阿里巴巴制造商下更多单，然后花时间打包发货。随后继续赶回学校完成学业，实际上，我 80% 的时间都投入在茵维斯啵啵上，20% 的时间花在学习上。这不是一个很好的平衡。其实这根本平衡不了。很多夜里，我会在凌晨三点醒来，不是在担心论文的截止日期，就是在焦虑茵维斯啵啵能否成功，以及我们怎么做才能成功。

---

① 著名专业营销媒体《成功营销》杂志在 2009 年第 8 期封面文章中提出的营销概念。湿营销具有精准的区隔性诉求和创意。

因为茵维斯啵啵是一个小产品，因此达尼和尼基在慕尼黑郊区的仓库里留了一处堆积我们货箱的地方，从中国运送的货物会发往这里，然后新旗的仓库经理再分发给各地的经销商。

2012年年底，也就是我们创业的第一年，我们的营业额达到了73 000英镑，并实现了盈利。我们没有给自己发工资，因为我们把所有的利润都投入到茵维斯啵啵的备货中了。

人们对产品的评价仍旧褒贬不一，我们本可以在此时放弃（往往很多人这样做）。尽管一些人觉得茵维斯啵啵蠢兮兮的，但我们仍然一往无前。

我们的发圈极富潜力，菲利克斯在这一点上只能相信我。因为这是一款女性产品，而且我对发圈倾注了所有热情。我们决定再接再厉，2013年的目标是走向国际化。加油！

创业逻辑

⑨ 在企业开始发展时 | 接受不完美的办公环境

⑩ 当你发现合作伙伴因为你年龄小而不认真时 |
1. 会面前做好充分准备，让自己足够专业
2. 尝试一点不伤大雅的掩饰年龄的方式，达成合作是第一步

第六章

在崩溃中前行——

如何平衡学业与副业

创业关键词：崩溃　继续前行

- ☑ ⑤周围的人对你的想法嗤之以鼻
- ☑ ⑥对陌生行业的一无所知
- ☑ ⑦第一次亏损
- ☑ ⑧与父亲的大宗商品相比，发圈似乎不值一提
- ☑ ⑨实现了 0 到 1，开始 1 到 100
- ☑ ⑩容易被轻视的年龄
- ☑ ⑪学业与事业的冲突
- ☐ ⑫复杂至极的物流
- ☐ ⑬严重的产品质量问题

我学会了：

💡 呕吐会触发烟雾报警器；

💡 了解你的买家：约谈零售商时，有备无患是关键；

💡 创业是你能遇到的最让人焦虑的事情之一。

为产品寻找零售商

我们花了一段时间才找到合适的包装。2013 年 3 月，我们设计了三合一的塑料立方盒和可以放 24 个塑料方盒的展示架，我们将后者放置在理发店里。在德国的销售价格为 4.2 欧元（约 3.8 英镑），然后涨至 5 欧元（约 4.6 英镑）；在英国，售价为 5 英镑。

尽管我们在第一年获得了不错的收益，但是规模仍然很小。

我们基本上是作为新旗的联合公司运营。我们通过与新旗的关系，将产品卖到英国和德国的各大美发店。但是茵维斯啵啵仍然只是一个利基产品，我们需要零售商。

达尼和尼基帮我们联系了英国一家大型连锁药店，对方对发圈有点兴趣，但更希望我们成为供货商，这样就可以在我们的发圈上贴他们自己的品牌。

自有品牌——有时也被称作自营品牌——是指商店销售自己品牌的产品。例如，乐购（英国最大的连锁超市）出售的大瓶亨氏（Heinz）番茄酱价格为 2.8 英镑，同时它销售的大瓶乐购自有品牌番茄酱，价格为 1 英镑。乐购很可能拥有一个制造商，为其自营品牌系列生产各种产品。它的策略是在商店里以低于驰名品牌的价格销售自营产品。

这背后有很多心理学的因素。人们通常会购买亨氏等名牌产品，而不是自有品牌产品，因为人们认为名牌产品的质量比较好。这可能是由于广告宣传，也可能是人们觉得像亨氏这样的名牌产品质量更好，因为他们比自有品牌产品更贵。

我们不希望自己的发圈变成商店的贴牌产品，商店会用他们的标签进行销售，我们的发圈就像普通的弹性发绳一样被钉在纸板上。茵维斯啵啵旨在彻底改变发圈行业，凭借极具特色的造型和耳目一新的包装，让人们乐意购买。

我们所到之处，零售商都会说我们简直疯了，竟然会认为这款产品适合销售。当你可以花 1 英镑买 20 根普通弹性发绳时，谁又会花5英镑（现在茵维斯啵啵在美国的售价）购买3根塑料发圈呢？

最终，这家英国连锁店同意与我们见面。为了让茵维斯啵啵看起来是一个像样的生意，我们带上了达尼和尼基。我们看起来仍像小孩子，但至少达尼和尼基看起来比我们大一点。

这家零售商公司总部设在英格兰中部的一个小镇上，许多居民都为他们工作。总部给人留下了深刻的印象：它的规模庞大，令人震撼，让我们和我们的产品显得更加微不足道。

我们走到前台，看到办公桌的电脑上方，一头亮闪闪的黑发被紧紧地挽成巨大的、甜甜圈形状的高发髻，几乎有儿童足球那么大。我内心忐忑地走了过去，发髻从屏幕前移开，露出了一张圆圆的、友好的脸庞，显然那天早上精心打扮过。我介绍了来历，她用我见过的最长的指甲盖敲击着电脑键盘。

"请坐，亲爱的，"她说道，"采购部门的同事马上就到。"

我们坐了下来，感觉自己是那里最年轻、最缺乏经验的菜鸟。企业氛围体现它的效率，这里的女生穿着深蓝色铅笔裙和高跟鞋，与来自全球的美容产品大生产商们一一会面。他们来自宝洁和欧莱雅，前者生产玉兰油和潘婷等价值数亿美元的品牌，后者拥有美宝莲和兰蔻等子品牌。等待洽谈的大多是中年人，他们西装革履，代表各自公司过来洽谈，批量销售化妆品、洗发水、牙膏、尿布、止痛片、剃须刀、香水、染发剂、除臭剂和各种各样的乳液、药水。

对他们来说，目标是以米为单位购买零售商的货架空间，把尽可能多的产品放在货架上，以占领细分市场。如果你留意超市或连锁药店的牙膏区域，你就会明白我的意思。

与零售企业采购部门的关系对品牌而言至关重要。是这个部门决定是否出售你的商品，以及分配多少货架空间。如果商品卖得不好，采购部门可能会下架你的商品，此时制造商不得不投入大规模的广告或降低售价以达到促销的目的。采购部门掌握权力，与一家在英国拥有 2 000 多家门店的大型零售企业见面对我们来说意义重大。

我们在人群中的确引人注目，穿着自认为的时尚搭配——蓝色夹克衫配深色牛仔裤，品牌不为人知。没等多久，采购商进来了，她是一位 20 多岁的干练女人，名叫朱莉（Julie）。我们穿过两旁都是会议室的走廊，她让我们坐在一间会议室外面"聊一聊"。

她的态度严厉，讲究效率。大型连锁店的重点往往在于运营，保证产品在合适的时间以合适的数量从 A 地运往 B 地。他们需要确保供货商能够满足需求。

我们试图把所有相关事宜体现在产品介绍中，并列出了详细的数据。我们的采购商态度严苛但也友好，她对我们是一家拥有新产品的初创公司表示理解。她看上去态度积极，说是之后会给我们答复，看是否可以做一次试运营。

我们怀着乐观的心情回到学校，然后要开始努力学习，完成学业了。我老是想这家零售商会不会接受一次茵维斯啵啵的试运营，这令人莫名兴奋，但是我还有书要读，有管理术语要背。有段时间我因为堆积如山的作业头晕眼花，几乎没有放松的时间。压力开始与日俱增。

几个月后的复活节假期，我和几个大学同学在瑞士登山。我们去那里滑了几天雪。当时正准备吃午餐，我的手机突然响了，是菲利克斯打的："他们确定要上架茵维斯啵啵。"

眼泪夺眶而出，我连忙找理由离开了餐桌。我走到拐角处，偷偷地哭了一场。一家大型连锁企业同意上架茵维斯啵啵。我简直不敢相信。然后我戴上墨镜，回到同学身边。"发生了什么不好的事情吗？"我的一个朋友问，"没事。"我回复。我没有再多说什么。

由于一些原因，我不想告诉我任何朋友关于上架的事情。我不想让别人觉得我是在炫耀博取关注，这不是我的目的。而且，每个人都在关注他们的考试和GPA（平均绩点——由此来衡量你的考试成绩），谈论茵维斯啵啵似乎没什么意思，也与他们关注的毫不相关，很可能结果是面无表情的一阵沉默。所以，还是什么都不说比较好。

上架确认只是通知你零售商愿意在其商店中销售你的产品，并没有签订详细的订单。之后，我们需要商讨具体有多少家商店会出售茵维斯啵啵，并说服它们选择尽可能多的颜色种类。那是 2013 年的春天，茵维斯啵啵会在 10 月左右到店，我们会在 8 月左右把订单发往零售商。在那之前，我们只在美发店销售，这就是为什么在英国一家全国性零售企业上市对我们而言是如此大的新闻。

从我用电话圈绑头发的那天晚上开始，仅仅过了 15 个月。现在我们将被一家全国性零售商进货！不过，我认为我们仍要加倍努力，继续前行。

在崩溃的边缘挣扎

结果证明这并不容易。我从未崩溃过，但有时你在生活中会到达一个临界点，当你的焦虑情绪急剧上升后，你会突然接近崩溃的边缘。然后你冷静下来，逐渐回归正轨。在我大二的时候，我感到自己的焦虑在加重。我会在凌晨 3 点醒来，然后再也睡不着觉。而且我无法集中注意力，吃不下东西，体重也在不断下降。每次有人跟我开玩笑我都会哭，这太不像我了。

2013 年 5 月，期末考试来临之际，我们正在与大型连锁药店进行最后的协商，也在和各家经销商合作。另外有两家英国零售商也对我们的产品感兴趣，事情堆积如山。

当你开始向经销商发货时，没有消息就是最好的消息。你做对了不会得到表扬，所以沉默是最高的赞美。不过，我们已经收到关于质量的投诉，以及关于发货不及时的抱怨，这感觉就像是人们在说："你是垃圾，你的产品是垃圾，为什么它们还这么贵？"

为一家大型经销商发货和为一位在网上下单的理发师发货是非常不同的，因为理发师对我们来说，最糟糕的情况仅仅是一个愤怒的客户。而经销商对于我们的分量，需要我们反思"你到底在干吗？"。经销商的规模往往比我们公司大数百万倍。

我们确实搞砸过。我们从一无所有发展到有经销商加入并在全国零售企业成功上架，几乎全靠我们自己，但你爬得越高，就会摔得越痛。尽管我们在这个过程中受益匪浅，并且自得其乐，但焦虑不安也常伴左右。这就像坐过山车：当我们找到一个新的经销商，或获得一个零售商的青睐时，我们会欣喜若狂；当我们生意出现问题时，我们又会跌落低谷。

有一天，我跌落到了我认为在大学期间的最低谷。我当时在学校图书馆，努力投入工作，却无能为力，因为我完全陷入焦虑的情绪状态。那天我凌晨 3 点醒来，之后虽然已经醒了几个小时，但是丝毫不觉得饿。我感受到了身体上的压力——尤其是膝盖——我必须时不时站立，抖抖腿来消除这种感觉。我走到图书馆的楼梯间，坐下来给菲利克斯打电话。

"我……我……我……做不下去了。"我抽泣着说。那是一种你的脸会变得很丑，乃至无法正常呼吸的抽泣。我焦躁不安。

"你可以的，忍一忍，快考试了，别人也一样。你会挺过去的。"

这不是我想听到的。

"去死吧。"我挂了电话。

我止不住地哭泣。我的肩膀颤抖着，脸皱成一团，满脸通红，好像在试图发泄什么。我的脸完美表现了什么是难看的哭相，我不得不一边狼狈地哭着，一边拖着自己的身体穿过校园，来到公交车站。然后我坐下来等公交车，继续流泪。最后，我回到了那个破房子的破房间里，安静地继续我丑陋的哭泣。

我必须承认我当时太焦虑了，在大二学年结束的时候，我花了一个月的时间在崩溃的边缘挣扎。

虽然菲利克斯有时很轴，但如果没有他，我不可能开始创业。完全靠我自己是不可能的，因为在大学里我感受到了独自一人的压力。没有人理解我所经历的一切，他们常常嘲笑茵维斯啵啵。"哈哈，发圈而已，能有多大的压力？"甚至在它开始出现在大型零售连锁店后，他们的反应也是："噢，你已经做出了产品，还在店里销售，那还有什么要做的吗？"现在人们理解了茵维斯啵啵是我的全部生活，我每天没日没夜地为此忙碌。

尽管直到最近，还有人会问我："这是你的全职工作吗？"

菲利克斯和我相互支持，因为他的课程作业比我多得多。所以他每个月都有几天需要埋头苦学，而此时我则全权负责茵维斯啵啵。对我来说，我的学业更像是无所谓，无所谓，无所谓，然后完蛋，到那时我需要连续几周远离生意，全神贯注地学习。

那是大二即将结束的时候，我俩都即将参加考试。菲利克斯和我正在协商连锁药店的订单量，他们同意在 250 家分店出售四种颜色的茵维斯啵啵——黑色、棕色、白色和蓝色。我们欣喜若狂，但同时感受到极大的压力，因为我们在协商的同时还需要复习功课，协商还需要我们在学期内去英格兰中部几次以进行贸易洽谈。这涉及很多行政工作，其中一张我们必须填写的表单与新旗的信用评级有关（当时，新旗拥有茵维斯啵啵 50% 的股份，因此文件上有新旗的名字，此前我们决定在与合作伙伴打交道时，对外以新旗公司自称）。我打电话问尼基。

"不行。"尼基在电话那头说。

"为什么不行呢？"

"不能让他们进行信用检查。这行不通。"

"什么？"

"我们去年忘记结算一笔款项……"

"什么款项，多少钱？"

"14 欧元。"

我从来没有想过信用评级会出问题，还记得丽莎在 2012 年 12 月打开的那封要求支付逾期款项 14 欧元的信吗？没人告诉我和菲利克斯，因为他们觉得无关紧要，但它现在变成了一个严重的问题。

新旗忘记支付用于打印"我最喜欢的职位是总经理"标语的 14 欧元的费用，这让它的信用评级十分糟糕，尽管最终付清了，这个污点仍然对它不利。我们不得不找一个律师来解决这个问题。你能想象一位律师花费多年时间参加培训，常年与大公司打交道，然后突然出现一家像我们这样的小公司，让他处理 14 欧元的款项问题吗？

我不能在表单上撒谎，所以我只能承认新旗的信用评级不高，然后给连锁药店打电话解释发生了什么。幸运的是，他们对此没有意见。我什么都不懂，但这些看似很小的行政问题真的很重要，糟糕的信用评级会导致初创企业功亏一篑。通常，创业者总是关注更"令人兴奋"的方面，比如发掘新客户，但同时你也必须坚定地专注于行政方面。就像我之前说的，细节决定成败。

临考前的喷水公寓

我的窗户薄如纸屑，每当莱明顿温泉镇的学生从我楼下经过，用他们摇晃的身子，醉醺醺地回家时，我都会被吵醒。不仅如此，我自己的室友也会出去喝酒。

我错过了很多场讲座和研讨会，所以有很多课业需要补救，因此感觉压力重重。我的两个室友比我早一天结束了所有的考试，因此我提早请求了她们庆祝完回家后保持安静，因为我还需要继续复习，再好好睡上一觉。

我的房间就在前门旁边，挨着厨房。我们经常在厨房开余兴派对。那天我早早就上床了，以防万一，我戴上了耳塞。

早上 6 点，烟雾报警器响了。

我起身走到卧室门前，把门打开。我的室友蒂姆（Tim）站在那里，手里拿着一朵雏菊。

"我有一朵花送给你。"他说着，站在斜对面，把花递给了我。

"蒂姆，这一点都不好笑。我今天有考试。我说过让你们安静点。去死吧！"我喊道，我双手捂着耳朵，因为烟雾报警器还在响。

烟雾报警器继续响个不停，但四处都没有烟雾。水开始从报警器里流出来，醉醺醺的蒂姆抓着烟雾报警器，把它整个从天花板上扯了下来。但水流并没有停止，楼上有一间浴室，所以我跑上去看是不是有人没有关淋浴头，或者溢水了。

淋浴头没有问题，但浴室里有股怪味。是我的另一个室友夏洛特（Charlotte），她在前一天完成了考试，一夜狂欢后在夜里醒来，感觉恶心。她没有来得及走到厕所，在水槽里就吐了，为了不堵塞排水孔，她把水龙头开到了最大。

然而，所有的东西都溢出来了，水流穿过天花板进入了烟雾报警器，这意味着在最后一门期末考试的当天早上 6 点，我不得不迈过走廊里的呕吐物，以及两个帮不上忙的醉汉。

这种事情时有发生，与我参加茵维斯啵啵的公司会议时的环境截然不同。在公司的会议上，我有时会假装自己是一个 22 岁经营国际品牌发圈的成熟女士。但实际上，我需要处理呕吐物，一边努力完成讲座和研讨会的功课，一边竭力避免自己精神崩溃。

在我完成大二考试的一个月后，我的焦虑感才有所消退。那个夏天，我和菲利克斯又为一个新的事情焦头烂额：托盘。

创业逻辑

⑪ 当你在拼尽全力创业的同时还要兼顾繁重的学业时

和朋友 / 亲人联系，获得情绪发泄口；但更多的还是需要自己持续努力前进。当事情走上正轨后，你的焦虑感会自然好转

第七章

创业就是要不断地打怪升级——

被迫成为物流专家

创业关键词：愚蠢　辛苦

- ☑ ⑤周围的人对你的想法嗤之以鼻
- ☑ ⑥对陌生行业的一无所知
- ☑ ⑦第一次亏损
- ☑ ⑧与父亲的大宗商品相比，发圈似乎不值一提
- ☑ ⑨实现了 0 到 1，开始 1 到 100
- ☑ ⑩容易被轻视的年龄
- ☑ ⑪学业与事业的冲突
- ☑ ⑫复杂至极的物流
- ☐ ⑬严重的产品质量问题

我学会了：

💡 零售分销和配送对青少年或者任何人来说，都是一件难以掌握的重要学问；

💡 货运领域的首字母缩写词多达数百万，《城市词典》（*Urban Dictionary*）也无济于事；

💡 准确阅读和理解顾客的要求可以避免罚款。

托盘是什么

最终，在我们所有的贸易洽谈过后，收到了一封来自英国连锁药店的电子邮件，得到客户的订单确认，是一托盘的茵维斯啵啵。

如果你不知道托盘是什么，不好意思，我们当时也一无所知。后来发现，托盘是一个底座，你可以把货物放在上面，以便安全运输。它们是由几块平行的木头或塑料制成的，下面由三块更厚的板子支撑起来。托盘形状近似正方形，约20厘米厚，设计比较特别，这样叉车就能把它们吊起来，在仓库里随意移动。经过精确的计量，商品被打包放在这些托盘上，装进叉车、货车，运往仓库的货架。

事实上，托盘很重要。托盘有一个完整的产业链，其中有部分企业只运营托盘的生意。它们制造、维修、管理、采购、修复和回收托盘，生产定制的托盘，并提供托盘采购服务。

托盘没有什么好玩的，但我希望它有。

托盘的结构相对简单，但它有大约20种不同的形状和大小，在行业外的人看来非常相似。零售商们选用的托盘各不相同，所以你必须确保你的托盘是对的，不然可能会因为出现问题被罚款，我们就遇到过。在开始创业的时候，你并不知道之后会做些什么。但是"托盘专家"不会是我曾想加进简历里的称号。

这家零售商订购了一个托盘，我们尽可能多地把茵维斯啵啵发圈的方盒放置在上面，然后封好运走。很简单。我们当然对这个订单非常满意，但接着邮件就开始了，还有无穷无尽的表格要填写，内容大致是这样的：

最小订货量（MOQ）　　　　内部数量（Inner Quality）

外部数量（Outer Quality）　托盘类型（Pallet Type）

欧洲物品编码（EAN）

然后是一行三个字母组成的首字母缩略词。

EXW/FCA/FAS/FOB/CFR/CIF/CPT/CIP/OAF/DDU/DDP/ DES/DEQ——在合适的选项上打钩。

大声笑（LOL）。我的天（OMG）。什么鬼（WTF）？！

我们开始用谷歌搜索。

EXW＝前妻（Ex Wife）

FCA＝胖妞的态度（Fat Chick Attitude）

FAS＝即将失败（To Fail）

虽然这些看起来很有趣，但《城市词典》的释义并没有什么帮助。显然"胖妞的态度"托盘不是什么好的选择，所以我们花了很多时间查阅维基百科和在线词典，以破译所有的缩写词。这些三个字母的缩写词是货运术语，指的是谁负责什么，以及在什么情况下货物由买方负责。

内部数量和外部数量指的是每个小盒子内的包装数量和每个大盒子内的小盒数量。EAN 指的是欧洲物品编码，与条形码有关。

我们以前不需要填写这样的表单，因为我们供货的美发店不需要条形码或追踪记录。而零售商需要用条形码记录信息，这样他们可以监控自己有多少库存。

确保所有的货运信息准确无论何时都至关重要，它保证了

一袋袋茵维斯啵啵发圈会从中国的工厂运到正确的船上（当时
我们还在使用空运），送到正确的欧洲港口，在正确的时间用正
确的卡车送到正确的配送中心。包装必须是正确的大小和重量，
带着正确的标签送到它们该去的地方。每个细节都要精确。

　　因此，我们在亚马逊找到了一家托盘供应商，并寄送了一
个托盘到菲利克斯父母在慕尼黑的家中，我们暑假将去那里，
因为仓库是个小房间，不方便组装托盘。因此在我们装载之前，
需要先把茵维斯啵啵放进可爱的透明塑料盒中，每盒三根。现
在我们的包装有些变化，可以用机器打包，但此前收到的盒子
都是铺平的。我和菲利克斯会玩一个游戏，在给定的时间内把
这些平整的、带锁的盒子立起来，然后把茵维斯啵啵装进尽可
能多的盒子里。在大多数情况下，菲利克斯都会赢，但我并不
生气，因为这只是一种完成手工任务的有趣方式。

　　我们把托盘放到地下室，把茵维斯啵啵三合一包装装进盒
子里，然后放到托盘上，确保每层都是彩色发圈组合。当我们
把箱子堆叠好后，它差不多有 15 厘米高，7.5 厘米宽。

　　我们不仅要在第一个托盘上放置尽可能多的包装盒，而且
还要小心地把整个托盘包起来，这样它才能完好无损地到达目
的地。一般仓库里会有一个工业保鲜膜机器用来打包，但我们
得自己从超市购买保鲜膜，然后进行包装。为托盘包装是一整
天的工程，我们为完成了这个大工程而自豪。

　　菲利克斯的爸爸来到了地下室。

"我们刚刚完成了人生第一个托盘的打包！"菲利克斯说。

"你们怎么把它弄出去？"

"啊？"

"这比你单独把托盘拿进来的时候大多了。"

我们把空的塑料托盘斜侧着搬到了地下室，但现在托盘装满了，肯定进不了楼梯和门。

"里面有多少包？"菲利克斯的爸爸问。

一共有 19 200 盒三合一包装，也就是说托盘上有 57 600 根茵维斯啵啵发圈。

哦，天呐。

我认为这是公司历史上最愚蠢的时刻。也许也是我一生之中最愚蠢的经历。我们不得不摘下保鲜膜，在地下室卸下 19 200 盒发圈，然后把所有东西都运到房子前面的人行道上，否则我们无法把整个托盘从门里运出去。幸运的是，那天天气不错，而且第二次的速度更快。忙完后我们坐在那里，等着安排好的卡车过来取走托盘。卡车来了，用叉车把我们珍贵的托盘抬走了。

选错了物流公司的周折

我们的 19 200 盒发圈即将在英国最大的零售商店之一出售。

这就像你打包了一个行李箱，里面装满了你去度假最想带的东西，然后你把它放在机场的托运带上，对它说再见，并希望这不是永别，期待着它能完好无损地到达另一端。57 600 根发圈像是我们的宝宝，我们能做的就是希望它能挺过从慕尼黑到大不列颠岛某个配送中心的这趟旅程。我们相信现代科技定可以让我们 19 200 盒宝贝安全地横跨海峡。

几天后，我们收到了一封电子邮件。

> 发件人：物流团队
>
> 收件人：茵维斯啵啵
>
> 发送日期：2013 年 7 月 11 日星期四，下午 12：53
>
> 主题：拒收
>
> 这是一个自动生成的通知，以下货物已被拒收。
>
> 参考条码：INVISI-BT124567AJ
>
> 茵维斯啵啵：混合分类
>
> 单位：19200
>
> 详情：错过交货时间
>
> 送货服务联系方式：0330184576，参考条码见上。
>
> 此邮件不需回复。邮箱未被监控。

我们的货物被拒收了。

19 200 盒茵维斯啵啵，57 600 根发圈被拒收了，零售价共计 96 000 英镑。

我们运输托盘选错了物流公司。有些公司可以在指定的一天配送，而有些公司可以在指定的 30 分钟内配送，后者才是零售商要求的。

我拨通了邮件上的电话，等了约 20 分钟，一遍又一遍地听着欢快的待机音乐。我和菲利克斯、达尼及尼基坐在慕尼黑酒吧旁边的办公室里，打开了免提。我们紧张不安，想知道我们珍视的 19 200 盒茵维斯啵啵到底去了哪里。

一个声音干练的英国女性接了电话，她告诉我们，我们应该预订一个有具体配送时限的物流公司，以在准确的时间送货。我们重新安排了货运公司，托盘终于安全到达了。

但两周后，我们收到了另一封邮件。

"你的托盘货运搞砸了，这是你该死的罚款。"标题差不多是这样的，或者没那么情绪化。

尽管 57 600 根茵维斯啵啵顺利交货，而且我们以为除了时间安排外，其他所有事情都做得很好（我们花了两个星期时间读完了一本关于货运的手册），但我们还是被罚款了。

罚款的原因是我们用的是蓝色墨水而不是黑色墨水，而扫描仪无法读取蓝色墨水，所以必须真人来阅读表单。

而且，我们还有其他项目的罚款：茵维斯啵啵包装盒和托盘边缘的距离应该是精准的 2 厘米，而我们的是 1.5 厘米；交付时间晚了一分钟；使用塑料胶带而不是纸胶带来密封大箱子；包装托盘的方式有些微错误，叉车无法在配送中心装货。

19 岁的我们没有真正理解到这些细节的重要性。物流的操作步骤非常精确，物流公司接收货物进入仓库，然后把它们送往全国各地的商店，所有的流程都必须进展顺利，以便商店正常收货，店员铺设货架，顾客购买商品。如果这个过程出现差错，就会有人员牵入其中，流程就会放慢，而时间就是金钱。因此此次产生了罚款。

物流是一件严肃的事情，我们学得很辛苦。（搞砸货运的并非总是我们。有一次一个卡车司机险些要迟到，因为他知道快要错过约定交付时间，就把两三个装满茵维斯啵啵的托盘扔在路边，下雨天里硬纸板箱摔得粉碎。这是物流公司的问题，我们得到了补偿。）

有段时间，我绝望地以为在商店里再也看不到茵维斯啵啵了，因为太多关于托盘的烦心事。但我们还是付了罚款（这耗费了几百英镑），而且在那年 10 月，我在一家实体店看到了我们的第一批茵维斯啵啵，就在我居住的莱明顿温泉镇学生公寓附近的街角处。入驻那家零售商店就像是一场成人礼，因为那家零售商店以只销售高质量商品而闻名，我们为获得一次试销而欢欣鼓舞。

创业逻辑

⑫ 当你在创业过程中遇到全新领域的知识挑战时

1. 通过各渠道资源主动学习
2. 保持敬畏心，仔细学习，认真操作

第八章

勇于承担是创业的必修课——

解决产品质量问题

创业关键词：承担　创新

- ☑ ⑤周围的人对你的想法嗤之以鼻
- ☑ ⑥对陌生行业的一无所知
- ☑ ⑦第一次亏损
- ☑ ⑧与父亲的大宗商品相比，发圈似乎不值一提
- ☑ ⑨实现了 0 到 1，开始 1 到 100
- ☑ ⑩容易被轻视的年龄
- ☑ ⑪学业与事业的冲突
- ☑ ⑫复杂至极的物流
- ☑ ⑬严重的产品质量问题

我学会了:

一定要和制造商仔细检查并确认合约的细节;

粉色赏心悦目,灰白色就不一定了;

必须把品牌放在首位,即使这意味着以后会有争议。

"五十度粉"的不稳定

2013 年,我们浪费了远远不止几百欧元在我称之为"五十度粉"的产品上。那时候,茵维斯啵啵只有明亮的原色(我们已把可选色从 27 种减到 6 种),销量一直不错。但是经销商总是问我们有没有粉色的茵维斯啵啵,我觉得这个颜色应该有市场。因此我们从制造商那里订购了几千根粉色茵维斯啵啵(最初称为"糖果粉"),把它们发给经销商,静候大卖,期待着之后的订单源源不断。

但有一天，我收到了一条来自德国的美发师的短信，里面有一张古怪的、灰白色的茵维斯啵啵照片，上面说前天这还是粉色的。**前一天，它还是粉色的？？**

然后其他人也开始抱怨，在 Instagram（有时译为照片墙）上发照片。当你搞砸的时候，这些网络上的照片就不是什么好事了。那是大学期间的暑假，我和菲利克斯、达尼、尼基、丽莎坐在慕尼黑的办公室里，然后一切都乱了。我们花了很多钱购买了全新、抢手的粉色茵维斯啵啵，而现在，不知为何，里面出现了灰白色的茵维斯啵啵，这是我们绝对没有订购的。我们想弄清楚到底出了什么问题——也许是工厂不小心发给我们未染色的发圈，又或许是其他原因。我们花了很长时间开箱，给仓库打电话，联系经销商，在社交媒体上搜索查看是否还有其他投诉。

丽莎在办公室的窗台上放了一些粉色的茵维斯啵啵。办公室没有空调，窗户没有打开，也没有百叶窗。天气非常热，丽莎会把空盒子一个叠着一个地堆放在窗户旁，她会尽可能堆高，这样才能遮挡灼热的阳光，所以窗台那边几乎没有空间放别的东西。大约半个小时后，我们发现粉色的茵维斯啵啵已经不同程度地变成白色。它们被紫外线漂白了。

这是怎么发生的？我想。我们不得不在事情更糟之前，回购那些褪色的、古怪的茵维斯啵啵。

我们给制造商发了电子邮件，他们的回复很简单，是的，粉色确实是不稳定的颜色，会与紫外线发生反应，但我们没有要求添加紫外线防护材料，所以他们也没管。这简直是理所当然。

倘若粉色茵维斯啵啵暴露在德国的阳光下30分钟内就变白，那么在西班牙、葡萄牙（我们在那里也有经销商供货给理发店）等阳光更充足的地方，它们会怎么样？我们不得不和所有联系人打电话，告诉他们停止寄送产品，通知美发店退回产品，并一一回复脸书（Facebook）、Instagram和电子邮件上的投诉。然后我们找制造商生产稳定的粉色茵维斯啵啵，添加紫外线防护材料，再次进行销售。这是一场噩梦，我们花了大约一个月的时间才解决问题，这绝对是我们那年遇到的最大的困难。我们花费了25 000英镑来弥补这一切，这占了收入的很大份额。

"晶莹剔透"款大获成功

在我们开始重新生产粉色茵维斯啵啵的同时，我们还决定生产一种完全透明的款式，这将非常符合茵维斯啵啵包含的"隐形"（invisible）概念。使用后你的头发上看不到凹痕，而且透明的款式很时髦，看起来仿佛是隐形的。我想给它取名为"晶莹剔透"（Crystal Clear），但是一开始菲利克斯、达尼和尼基都非常反对这个想法。他们觉得这看起来会像一块奇奇怪怪的塑料，另外八种颜色对于发圈而言有点多。你的种类越多，生产成本越高，销售产品的压力也越大。

但我坚持认为透明色是可行的，因为它是中性的，可以和任何发色相搭配，而且它看起来和市场上的发圈都不一样。市场上不可能有透明布艺弹性发圈，我还坚信，当人们在手腕上戴着茵维斯啵啵的时候，这将是一个谈资。

事实证明，"晶莹剔透"立刻成了畅销商品，从此再也没有离开过"领奖台"。紧接着上市的是"纯黑"（Pure Black）和"椒盐棕"（Pretzel Brown），然后我们做出稳定的粉色，将其命名为"绯红时分"。选择有趣的颜色名称也能帮助赋予茵维斯啵啵以个性。

在包装上用点心思

不过，我们是否有必要出售同一颜色的茵维斯啵啵小方盒，这是一个问题。

对我而言，这样做看起来很简洁，有助于成为代表性的产品。就像你把各种各样的糖果混在一起，每次总会缺少一种口味。而且我讨厌橘子味的糖果，如果我看到一盒混合包装里有橘子味，我会犹豫不决。我喜欢瑞士莲（Lindt）巧克力球（全名：瑞士莲松露巧克力），因为你可以买一整盒同样口味的巧克力，而不用担心你不喜欢哪一个。

我想茵维斯啵啵也是同理。如果我们把不同颜色混在一起，包装看起来会比较低廉，而且人们有可能不会购买，因为他们不喜欢其中的某种颜色。把三种相同的颜色放在一起也能使我们的包装富有个性，可以创造限量版的颜色。因此，我们在 2017 年推出了"像呆鹰一样漂亮"（Hawkwardly Good Looking），"带毛的朋友"（Feathered Friend）薄荷绿茵维斯啵啵，这是 2017 年典藏款之一。同时还有我们称之为"发型糟糕的一天？不存在的大象"（Bad Hair Day？ Irrelephant）蓝色茵维斯啵啵，包装上有一只可爱的大象。在情人节我们添加了一段话："玫瑰是红色的，紫罗兰是蓝色的，茵维斯啵啵是比双人晚餐更加便宜的。"

我们还知道，人们往往把发圈放在不同的地方：比如一根扎头发，一根放在手提包里，还有一根放在办公桌上。所以，3 是一个实用的数字。

我和销售团队对于是否生产混合包装有过争论，因为零售商总是不断要求我们这样做。但我很在乎品牌的长期发展，我知道这样做是不对的。

我们的目标是成为炙手可热的发圈品牌，这需要从重新设计发圈开始。人们把发圈看作一般的日用品，每次买 50 根，而我们想要把它变成人们可以反复使用的东西（如果把茵维斯啵啵放进热水里，它可以变回原有的大小），兼顾外观和功能。它们是由塑料制成的，完全可回收，不像普通的弹性发圈，普通发圈通常会有一个金属片把它们固定在一起，这让它们难以回收。

创业逻辑

⑬ **当你的产品发生了严重的质量问题时**

1. 不要慌张，努力找出问题根源
2. 确认是自身问题后，第一时间联系全渠道回收货品，避免造成更多的损失

第三部分

从 1 到 100

打江山容易守江山难。在事业小有起色后，我们还要摸索营销模式与扩展市场的方法。在这个过程中，创新至关重要。当更多的人知道电话线发圈后，我们完成了从 1 到 100 的过程。

第九章

机会永远留给有准备的人——

巧用心思扩大市场规模

创业关键词：准备充分　乘胜追击

- ☑ ⑭被重要的潜在客户拒绝
- ☐ ⑮国外访客的接待
- ☐ ⑯大额买家的突然消失
- ☐ ⑰大学职业顾问的质疑
- ☐ ⑱第一次国际会展

我学会了：

💡 发给记者和博主的信件与电子邮件，强调私人定制的效果更好；

💡 我们没有经验。我们不懂规则，还厚颜无耻地破坏规则；

💡 和零售商的磋商像一场游戏。

丽莎的市场营销方法

我们知道，作为一款好看，并且不让人头疼的发圈，茵维斯啵啵兼具时尚感，看起来非常不同于以往的任何发圈。

在慕尼黑的办公室，丽莎负责茵维斯啵啵的市场营销（同时负责新旗的管理），她罗列了英国和德国赫赫有名、与行业相关的记者，并给他们每个人寄送了个性化包装的茵维斯啵啵。她会找出每个人的照片，并且打印出来，然后找到与他们服装

搭配的发圈颜色，随信一起寄送给他们。我喜欢这种对细节的
关注。

　　之后她会与记者保持密切联系。她会给每个人打电话，她
和我抱怨这是"巨大的痛苦"，但卓有成效。约 80% 的人乐意接
她的电话，约 50% 的人最后写了关于茵维斯啵啵的文章。这有
着非凡的意义。

　　2013 年，博客盛行一时，尤其是在英国。丽莎给一位名叫
简·坎宁安（Jane Cunningham）的女士寄送了一些茵维斯啵啵，
她被称为"英国美容博主"，她在自己的网页上评论，称它们是
"今年夏天你能找到的最好用的发圈"，照片上展示了两个亮红
色的发圈。

　　这位英国美容博主有美容行业新闻报道的背景，她善于调
研，深受大家信任。零售商会去查看知名博主的内容更新，以
尽早发掘潮流趋势。2013 年 7 月 11 日上午 11 点 40 分，这位英
国美容博主刚发完茵维斯啵啵的博文，我们就收到了一封来自
一家知名时尚零售商的简短邮件：

　　　发件人：米歇尔·戈尔茨坦（Michelle Goldstein）
　　　收件人：support@invisibobble.com
　　　发送日期：2013 年 7 月 11 日星期四，上午 11:40，世
　　界标准时间 +0200

主题：茵维斯啵啵订购

早上好。

我们非常乐意采购你的产品——有人可以联系吗？

谢谢。

米歇尔·戈尔茨坦
美容助理采购员

我的天啊！

这家零售商在英国约有 300 家分店，总部位于伦敦。我无法相信它们联系了我们。即便这是一家小型连锁店，在这里上架也能够帮助我们的发圈从公认的功能性产品转变为时尚单品。我也喜欢去这家零售商的商店购物，所以它愿意采购茵维斯啵啵对我而言就像是一个天大的赞美。

八分钟卖出 3 000 根茵维斯啵啵

又有一个小问题，当我们收到邮件的时候，菲利克斯和我都不在英国。我们在阿姆斯特丹 ①，在为他妈妈庆祝完生日后，

————————

① 阿姆斯特丹是荷兰首都及最大的城市。

我们俩在一条运河旁的小路上闲逛。我们都知道，菲利克斯喜欢细节，每隔两分钟就会查看一下他的黑莓手机。所以在米歇尔点击发送后的几秒钟内，我们就已经在一条鹅卵石街道上欢呼雀跃了。

我们站在运河边，给米歇尔写了一封回信，并计划去伦敦与她会面。然后我们回到了阿姆斯特丹的酒店为会面做准备。我们仔细修改了之前为大型连锁药店准备的幻灯片，给在慕尼黑办公室的丽莎打了电话，让她打印出彩色的纸质版，并用合适的塑料封面进行专业装订。我们让丽莎把茵维斯啵啵的样品和名片与幻灯片纸质版一起打包寄到阿姆斯特丹，然后准备搭乘我们在最后一刻才预订好的去伦敦的飞机。

可惜包裹并没有及时到达。

别无选择，我们只能离开酒店去赶飞机，为第二天的会面做准备。我们不断练习谁应该说些什么，回忆我们所有的数据和业务规划，提醒自己牢牢记住这家商店的顾客类型：时尚的青少年。之后，我们需要把幻灯片发给米歇尔。我们期待并祈祷自己的热情可以让这场会面顺利完成。

会面之前，我和菲利克斯搜索了这位采购商代表的信息，发现她是一位年轻的女性。这对我们而言是一个好消息，因为女性是我们的目标受众。

之前我们发现最糟糕的事情之一是遇到年长的男性采购商，因为他们很棘手。他们会对我们的产品进行分析研究，如果我们没有销售业绩，或者正在推出新的产品，他们会认为风险更高。所以当我们看到照片上是一位年轻时尚的女性时，我们非常兴奋。她看起来十分迷人。

这个时尚品牌是一家大集团的子品牌，前台挤满了推着大手提箱和服装架的人，整体感觉年轻且时尚。米歇尔走近我们的时候，我们简直目瞪口呆，因为她穿着一件紧身的荷芙妮格（Herve Leger）风格的绷带裙，领口很低，同时搭配着一双高跟鞋，还有她精心打理的秀发，打扮得像要出席某个大型时尚秀。

我心里很紧张，但努力保持着冷静。当她让我们在会议室坐下时，菲利克斯还在"找他的下巴"。

"产品很可爱。"米歇尔说。

我深吸了一口气，准备开始我的讲解。我计划告诉米歇尔我是如何创造了茵维斯啵啵，它如何缓解了我的头疼，顾客是多么喜欢把它戴在手腕上，因为这样看起来很酷。然后菲利克斯会接着谈谈数据。

但不到三分钟，她说道：

"谢谢。你们的零售价是多少？"

菲利克斯并没有立刻告诉她，他开始讲解我们的销售数据，以及尽管他是男生，但是他仍然清楚茵维斯啵啵有多么时尚，男生看到我们的螺旋发圈戴在女生的手腕上时，他们会如何讨论，尽管我们是一家小公司，但业务娴熟，以及为什么她应该……

"好的，MOQ 是多少？"

MOQ（minimum order quantity）是最小订货量，如果有人这样问你，这通常意味着他们想下单。

菲利克斯和我本想用计划的演讲奉上一场大型演出。但就在我们与英国最时尚的零售店会面五分钟后，这位性感的采购商米歇尔就询问了我们的最小订货量。我们在会议室才坐了八分钟，她就订了 1 000 盒，然后向我们道谢，挥手送我们进了电梯。哇！我们击掌庆祝。八分钟卖出 3 000 根茵维斯啵啵。

显然，米歇尔被雇用的原因在于她能察觉到顾客的喜好，她的工作正是找到最热门的趋势，并在公司的旗舰店试用。这和此前我们与一家大型英国连锁药店的会面完全不同，因为米歇尔的决定是基于她对产品的感觉，行动要快得多。

我们与会前准备得非常充分，幻灯片和数据一应俱全，但后来我理解到如果有人发邮件说，"嗨，我们想要采购你们的产品。"这意味着他们想要购买你的产品，销售已成定局。所以我们此刻能做的最好的事情就是集中精力完成订单，填写那些没完没了的表单。

这次，我们不需要打包托盘。我们要去了解纸箱的使用规则。这相对简单，但零售商的仓库有一条"禁止尖锐物品"的规定，这限定我们必须订购特殊的盒子，用纸带密封，不用小刀或剪刀就能打开。

2013 年 10 月，茵维斯啵啵已经在三家英国零售公司进行销售：一家认可产品有前景；一家赞赏产品很时髦；最后一家规模较小的连锁店主动联系我们，让我们知道我们的产品有市场。

进军德国市场

我们在德国也取得了突破性的进展，找到了销售美容产品的新方法：有一家公司每月将盒装新款化妆品、护肤品和护发产品发往支付订购费的顾客。这家公司在 2011 年成立于柏林，与茵维斯啵啵同年成立。愿意为此付费的人一般喜欢新鲜事物，或者是潮人极客（early adopters）。如今这家公司规模宏大，不过在那时它才初具规模，只有大约 16 000 名订购者，自成一格。

丽莎和我想把茵维斯啵啵加进这些盒子里。因为和洗发水不同，发圈显然是你需要扎起来，然后人们才可以看到并发表意见的东西。我们认为这些盒子是再好不过的推广方式，我们计划送给他们 16 000 根发圈，然后这些发圈被寄给 16 000 位时髦的年轻人，这正是我们想要接触的客户。

护发产品和皮肤护理产品的生产商免费提供洗发水和润肤霜，然后他们的产品得以传递到引领潮流的人士手中。他们也会得到评价反馈，这有点像市场调研的新方式。

但是达尼和尼基觉得我们疯了。

他们认为我们太傻了，因为这笔投资是几千英镑，对我们来说是一笔大数目（菲利克斯和我当时只有 20 岁），他们为此据理力争。

最后，菲利克斯是那个坚持到最后的人，这点太不像他了。他是那种不愿意花钱的人，他会问"我们真的需要电吗？"这类问题，而且我觉得如果不是他我们早就破产了，我们很可能之前会投资所有"生死未卜"的东西。但这次这些盒子似乎是正确的选择，事实也的确如此。

忽然之间，茵维斯啵啵变得随处可见。除了德国的零售商店。

几个月前，达尼和尼基与一家德国高档化妆品零售商见面，他们想把 TT 梳卖给他们。零售商很感兴趣，但他们的意向价格远远低于预期，所以达尼和尼基拒绝了，转而找到更多家大众市场零售商，最后 TT 梳出现在了 2 000 多家商店的货架上。

有一天，他们收到了一家高端连锁店发来的电子邮件，标题是："把那个愚蠢的塑料梳子给我们！"这当然不是原文，但他们要求做一个产品介绍，包括发梳颜色和尺寸，以便下单。

零售商竞争激烈，如果他们看到其他所有竞争对手都在销售某种产品，他们也会想要这种产品，因为如果你不去销售它，你就会损失一部分市场。丽莎回信问他们是否有兴趣看看我们的新产品——茵维斯啵啵。"没有。"他们回答道。

丽莎认真地把一张张幻灯片整理到一起，在每张幻灯片上加上 TT 梳的商标。在幻灯片的后半部分，她把茵维斯啵啵的图片加在了 TT 梳的标题下面（没管他们回复过不感兴趣），图片上发圈颜色和包装十分可爱，还补充了我们独特的卖点，比如无痕不伤发。

她收到了一封回复邮件，说他们想订购 TT 梳，但仍旧完全没有提到茵维斯啵啵。在为这家高端德国零售商填写相关表单时，丽莎有了一个主意。假如她只是悄悄地把茵维斯啵啵加到清单里面呢？

在清单表格上，你必须填写各种各样死板乏味的信息，包括名称、颜色、产品重量、产品材料、欧洲物品编码（产品条形码的一部分）。

丽莎为每款 TT 梳填写了所有细节，产品描述如下：

TT 梳	经典款	紫红光电	50 克
TT 梳	经典款	珊瑚荣耀	50 克
TT 梳	豪华款	黑色光泽	100 克

但后来，丽莎想：他们说不需要茵维斯啵啵，好的，他们想要一点茵维斯啵啵！

所以她又加入了：

TT 梳	茵维斯啵啵	潜水艇黄	10 克
TT 梳	茵维斯啵啵	海军蓝	10 克

她偷偷把茵维斯啵啵放在了表单里，让它看起来像是 TT 梳

的一种，就像经典款和湿发柔顺款（Wet Detangler）一样。

我们紧张地等待了好几个星期。

这家高端商店的人会注意到自己说过不感兴趣的茵维斯啵啵神奇般地出现在他们的表单上了吗？

后来订购单来了。除了几千个 TT 梳经典款，TT 梳湿发柔顺款，他们还订购了几千盒 TT 梳茵维斯啵啵！这让我想起了我的妹妹路易斯（Louise）。她大约四岁的时候，拒绝吃任何除了鸡肉之外的东西。怎么办？我父母于是告诉她所有吃的都是鸡肉，她这个小家伙就开心得都吃下去了。

当时，总部的采购团队决定它们想要采购的产品，并将它们添加到电脑系统里。然后，各个商店的经理根据当地顾客的需求从这个系统下单。比如，一个小村庄的商店，它们可能看到本地的人不怎么化妆，所以它们订购更多的是面霜而不是口红。

随着茵维斯啵啵被放在我之前提过的订购盒子里，并出现在各大媒体上，许多商店经理已经听过它们，想要尝试在电脑的订购系统中输入茵维斯啵啵。由于我们偷偷地把它加在清单上，它终于出现在了电脑系统中，可以进行订购。而且因为销售业绩斐然，采购团队似乎没有人注意到这个问题。我们伟大的"入侵行动"成功了！

事情并没有到此结束。在商店里，每一平方厘米的面积都会被仔细规划，这是采购商有时不把产品加入清单的原因之一，仅仅因为空间不够。其中一家德国大型主流连锁药店便是如此，他们回绝后我们并没有放弃，而是采取另一种"入侵行动"。我们注意到他们的电吹风竖着陈列在货架高层，和发饰摆在一起，我们询问他们是否可以把电吹风横放，这样盒子的窄边可以朝外，我们的茵维斯啵啵就有空间放置。长话短说，他们最终同意了，我们的发圈直至现在仍在他们2 000家商铺里销售。

使用茵维斯啵啵已经成了一种时尚

丽莎是"入侵行动"的功臣。我们在营销上捉襟见肘，所以她不得不开拓交际圈，想方设法地把茵维斯啵啵推销出去。

她和尼基当时的女朋友塔利亚（Talia）是朋友。塔利亚是一名模特，当时Instagram还没有真正流行起来，她在2013年的时候作为一名时尚博主颇具影响力。塔利亚受邀参加巴黎时装周，丽莎从慕尼黑过去陪她度过了一个愉快的周末。巴黎时装周每年举办两次，是时装界最大的活动之一，世界上顶尖的设计师会在这里展示他们的作品。

丽莎也带去了茵维斯啵啵：她做了一个特别的贴纸，上面写着"时装周版"（Fashion Week Edition），贴在了大约300个包装上。它们被送到了巴黎，早早地出现在了现场，一起通过了安检，就好像它们本来就属于那里，在演出开始前就有任务在身。丽莎的态度是，如果她被抓了，那又怎样？反正她不会再来了。

丽莎偷偷溜了进去，在有人阻止她之前，她把特别款茵维斯啵啵拿了出来，放在前排每张椅子上的礼品包里。这些椅子很快就会坐上一群全球最有影响力的时尚记者和名人。表演结束后，她还分发了发圈，就好像她是官方的宣传人员一样。

之后，我们搜索了博客、视频直播平台和杂志，看看是否能发现我们的发圈出现在他们的手腕或头发上，如果发现了，丽莎会把照片进行拼贴，作为公关材料发送给其他记者和编辑们。她会把茵维斯啵啵送给电视制作人、经纪公司和模特公司，不遗余力地打电话跟进，了解他们的客户有没有戴我们的发圈。后来，我们在卡拉·迪瓦伊（Cara Delevingne）和坎蒂丝·斯瓦内普尔（Candice Swanepoel）身上看到了茵维斯啵啵，甚至在《与卡戴珊姐妹同行》（*Keeping Up With the Kardashians*）的某一集中看到了科勒·卡戴珊（Khloe Kardashian）戴着茵维斯啵啵。显然，使用茵维斯啵啵已经成了一种时尚。

创业逻辑

⑭ **如果你被一个确认十分重要的客户拒绝时** 不要气馁，寻找一切可以尝试的方式。努力磨一磨。换思路沟通，学会寻找可以达到目的的方案

第十章

好事多磨终有转机——

1 万欧元的现金交易

创业关键词：稳步 转机

- ☑ ⑭被重要的潜在客户拒绝
- ☑ ⑮国外访客的接待
- ☑ ⑯大额买家的突然消失
- ☐ ⑰大学职业顾问的质疑
- ☐ ⑱第一次国际会展

我学会了:

💡 永远不要把感觉等同于现实；

💡 1 万欧元的现金的确可以塞进行李箱；

💡 有时推出新款依靠直觉。

我们取得的阶段性胜利

2013 年上半年，也就是我们创业不到两年的时间，茵维斯啵啵已经在五六个欧洲国家进行销售，我们正在到 2013 年年底计划覆盖 12 个国家的道路上稳步前进。

这听起来令人难以置信，但事实的确如此。因为我们处在发饰行业的奇特类别中——一种我们自己发明的类别。我们能够进入美发店，是因为我们是新型的产品，这种产品不会和美发店与洗发水供应商的特许协议发生冲突，而且对于经销商而言，在他们的产品系列中加入茵维斯啵啵轻而易举，因为它体积小、重量轻、易买易卖。

产品能进入药店，因为在那个时候药店已经开始销售药品以外的东西了。例如，葡萄牙的药店以前是人们寻求医疗专业知识的地方，最初药剂师销售处方药，后来扩展到上架治疗特定皮肤问题的面霜和乳液。如果你需要防晒霜，你可以向当地的药剂师咨询，他们是专家。

但随着超市开始销售乳液、药剂及食品和饮料，药剂师面临竞争的压力，于是他们对销售其他种类的商品变得更加开明。他们意识到，如果一个女人进来购买头痛药，也许她也可以买一根抗头痛的发圈。令人惊讶的是，我们在葡萄牙这么小的国家竟然卖出了这么多发圈，似乎我们认识的每个去葡萄牙旅游归来的人都会说："哇，葡萄牙遍地都是茵维斯啵啵。"

人们购买护发产品时，通常都很挑剔。这就是为什么你能想到的每种发质都有对应的洗发水。长发、短发、染发、金发、白发、细发、干发、油发、软发、快乐的头发、悲伤的头发，甚至是浸在瀑布里体验疯狂的秀发——你知道我说的那种头发。

但我们发现，任何发质的人都喜欢茵维斯啵啵。有些人选择它是因为它看起来很酷，有些人是因为他们不喜欢马尾辫有凹痕，还有一些人是因为茵维斯啵啵能解决头疼的问题，就像我一样。

开奔驰来德国的波兰人

我们联系了一家波兰的经销商，有两个人愿意从华沙①开车到慕尼黑，大约需要8个小时的车程。路程很远，但他们很想过来，因为他们有一辆格外珍惜的奔驰，这是一辆德国制造的汽车，他们想到德国的汽车修理厂进行保养。

菲利克斯一直在给这两个人发邮件、打电话，一切似乎都很顺利。事实上也是如此，他们说想要购买价值1万欧元的茵维斯啵啵，并且带来了1万欧元现金。我想看看1万欧元现金是什么样的，所以我很失望自己不能前去。我想，这么多钱能装进公文包吗？还是全部装进黑色塑料袋里，放在他们的奔驰车上。

菲利克斯安排在慕尼黑的办公室和他们见面，那里有如藏宝箱和飞机机翼一般的办公桌。菲利克斯非常兴奋，因为他一直在和他们磋商，而且他们说会带来一沓沓钞票。当那两人来的时候，菲利克斯一个人在办公室。其中一人又高又瘦，穿着皮夹克和西裤；另一个又矮又胖，穿着衬衣和牛仔裤。

他给这两个人各冲了一杯咖啡，然后和他们一起坐在小办公室的一边，围坐在我们仅有的一张看起来正常的圆桌旁。从时尚零售企业那里我们学会了，如果有人说他们想要买，那就是字面含义，菲利克斯准备好了迎接一场轻松的会面。他也想

---

① 华沙（Warsaw）为波兰首都。

知道 1 万欧元长什么样，他环视四周悄悄观察是用公文包还是用一些鼓鼓囊囊的塑料袋装着。但在他开始之前，高个子对矮个子说了几句波兰语，然后矮个子对菲利克斯说："我们需要重新停一下奔驰。我们觉得这条街不行。"

菲利克斯觉得这有点奇怪，但主动提出帮他们找一个更好的停车位。他们说不用，就走了。两杯咖啡没动过，在桌上放了 20 分钟。然后 40 分钟后，菲利克斯给矮个子打电话，但没人接。他留了一条语音信息："需要我帮你们停车吗，一切还好吗？"他又联系了高个子，但还是没人接电话。

那两个波兰人没有再回来过。

他们不仅没有回来，而且在接下来的两个星期，菲利克斯每天都在打电话、发邮件，但他们始终不接听回复。我有点生气："你怎么把这件事处理得这么糟糕？他们可是有 1 万欧元现金！"

两个星期后，矮个子终于接听了他的电话。谈话大致是这样的。

菲利克斯："出什么事了？你们大老远从华沙过来，然后就不见了！"

矮个子："我们觉得你们做得太没有礼貌了。"

菲利克斯："什么？"

矮个子："我们从华沙开了 8 个小时的车，带着现金，也准备好了合同，是乐意和茵维斯啵啵合作的。"

菲利克斯："我们对此很感激。"

矮个子："但是你却让我们见实习生。"

菲利克斯："实习生？那就是我啊。"

矮个子："那是你？那个家伙给我们冲了咖啡。我们没看到你，所以我们走了！"

菲利克斯："我们是一家初创公司，没有实习生。我自己谈价格，找经销商，打电话给零售商，发邮件给零售商，向零售商推销，与我们在中国的制造商联系，进行质量控制，擦拭不干净的茵维斯啵啵，处理订单，考虑公司如何发展，确认支付账单，开单据，追踪单据，检查单据是否支付，为美发展会预订商品展台，搭建商品展台，开车去美发展会，布置商品展台，与潜在客户交谈，一遍遍地复述茵维斯啵啵不伤头发，了解发髻，和理发师对话，倾听顾客意见——而且我也冲咖啡。"

好吧，他并没有全部列举，但他礼貌地解释，因为我们是一家初创公司，所以自己包揽了所有的事情。没有实习生，没有咖啡服务生，没有员工。

几周后，高个子和矮个子波兰男人开车回到了慕尼黑，带着1万欧元现金。这次我和菲利克斯一起去的，确认了现金的确能够很容易地放进手提箱里，每捆钞票里包括25张20欧元的纸币，每捆共计 500 欧元，一共 20 捆。它们装在一个密封的塑料袋里，交易完成后波兰人就返程了。我们把每捆钞票撕开，这是我们见过的最多的现金，我们把钱拆开，堆在桌子上，一边把钞票扔向空中，一边用手机拍视频，然后用慢镜头回放播放。大约 1 小时之后，我们再次打包好，决定做一件负责任的事情——把钱带到银行去。

创业逻辑

💬	⑮ 当你接待客户时	尽量表现得足够专业和正式，不要过于随意
💬	⑯ 当你不明所以时	一定要追根究底，不要放过解决任何误会的机会

第十一章

逆流而上才能与众不同——

明确就业方向而后义无反顾

创业关键词：逆流而上　与众不同

- ☑ ⑭被重要的潜在客户拒绝
- ☑ ⑮国外访客的接待
- ☑ ⑯大额买家的突然消失
- ☑ ⑰大学职业顾问的质疑
- ☑ ⑱第一次国际会展

我学会了：

当橙色的鱼真好；

雇用年长的人有助于你的事业；

贸易展开销大，但物有所值。

成为"橙色的鱼"

2013 年秋天，在大学生活的第三年，我搬进了一个两居室的公寓。它有双层玻璃，位于莱明顿温泉镇中心的现代街区上，我们从茵维斯啵啵赚的钱意味着我可以一个人住在那里。有一两个人对租次卧表示了兴趣，但我很享受独处的日子。

我住在本杰明·萨奇韦尔（Benjamin Satchwell）酒吧的拐角处，酒吧的正面是玻璃，我经常在那里工作。萨奇韦尔是 18 世纪的鞋匠、邮政局局长和小镇调解员。是他发现了莱明顿的第二个温泉，促使村庄发展为一个繁荣的城镇。他被称为莱明顿温泉镇的创始人，所以能在这样一个以伟人姓名命名的地方工作是很鼓舞人心的。

我也不是那种喜欢图书馆的人。我的日常生活是起床，处理茵维斯啵啵，11 点左右去大学体育馆，如果有时间再买杯咖啡，然后继续工作，午饭后去酒吧，查看茵维斯啵啵的订单，在酒吧待到下午 6 点，最后回到我的公寓。

我的许多朋友都是四年的课程，其中第三年在国外，但是我只读三年，所以我身边的朋友更少了。我的生活和其他大学生大相径庭，他们会坐 20 分钟的车到校园里的图书馆，从清晨一直待到深夜。我偶尔会遇到一些人，他们看到我很惊讶，因为他们以为我应该是四年的课程，此刻应在国外。我并不为专注于自己这一点而感到难过，因为我觉得我有自己的生活，我只是把精力放在了茵维斯啵啵上面。

我记得有一次尼基告诉我，他在学校看到一张海报，上面有一群浅色的鱼全都朝着一个方向游去，其中只有一条橙色的鱼逆流而上，标题写着："成为橙色的鱼。"这个形象一直萦绕在我的脑海中，因为任何人都可以选择跟随大众的脚步，也可以选择与众不同。特立独行和稀奇古怪要困难得多，但同时，这也更有意义。我从不觉得自己错过了什么。

当我在学校时，就像我文前说的那样，很多时候我会在课上开发票，或者在敦豪速递公司（DHL）下单，以生成标签便于发货，没有人真正理解我为什么把茵维斯啵啵看得这么重要。我向顾客保证过我那天会给他们邮寄发圈，所以我得负责，事情就是这样。

在我毕业的最后一年，大银行和管理咨询公司会来到校园参加"讨好会"，他们通过赠送酒吧饮料或马克杯来博得学生的注意力。你需要身穿西装亮相，与关键人物握手交流，让他们对你的雄心壮志留下深刻的印象。

我也会去，手握马克杯，喝杯饮料，和朋友谈天，然后直接离开。

在加州，大学期间成立公司意义重大，但对于英国中部地区而言不然。而且其他同学对茵维斯啵啵的评价总是"哦，它只是一根发圈，不算什么"，我并没有分享太多我现在在做的事情，即使他们专门来问我。

来自职业顾问的质疑

在我大学第三年的时候，我还得去见学校的职业顾问。和许多大学一样，华威大学对毕业生求职就业的问题非常上心。一天，我收到系里负责就业的人发来的电子邮件，约我在学校的某个地方见面，鬼知道他说的是什么地方。于是我历经千辛万苦终于找到了大楼和里面编号为SWX19-A的房间，敲了门。

"请进。"一个声音说。

我走进去，坐在一个女人对面，我以前从未见过她，以后也可能不会再见到她。

"嗨，苏菲，"她说道，低头看向一张写着我名字的纸。
"最近怎么样？"她问。
"很好。"
"你感觉如何？"
"很好。"
"你快乐吗？"
"快乐。"

这是心理治疗吗？我想。这个女人到底是谁？我现在可以走了吗？

"工作找的怎么样？你能告诉我你向哪些咨询公司和银行投了简历吗？"她说着，又低头看了看表格。
"我什么都没投。"

这个女人突然变脸，但她什么也没说。

"我自己有发饰生意：茵维斯啵啵。我们在商业街道上有卖。"
"茵维斯什么？"她说。
"茵维斯啵啵。一切都很顺利，等我毕业了，我会全身心投入在这上面。"

"没有这个选项。"

"好吧，那我计划毕业后搬到慕尼黑，我们的公司总部在那里。我们的目标是在今年年底前在 12 个国家销售我们的产品。"

她又变脸了，然后再次看了眼表格。

"你善于和人相处吗？"她问道，"人力资源怎么样？"

菲利克斯也遇到了同样的问题——他必须在学期内完成两次实习。第一次是在一家投资银行，第二次是在……茵维斯啵啵。他说服导师让他在自己的公司实习，否则他就放弃学位。

对我来说，我喜欢红牛（Red Bull）那种非传统的经营方式，也许还继承了一点我父亲爱冒险的天性，再加上我一直以来热衷于时尚潮流，这些因素都促使了我自己创业。很遗憾，当时创业并不是学校对学生的期望，我觉得现在的大学对于创业的学生反而更加重视。

参加国际美容展

2013 年，我们创业的第二年，茵维斯啵啵的收入已达到 86 万英镑，我们可以给自己支付一笔丰厚的薪水。我觉得是时候这么做了。我们此前把大部分的利润都重新投入到业务中，已经小有成绩。

2013 年业绩增长惊人，我们与好几家经销商和批发商签订了合同，就这样步入了 2014 年。批发商经营各式各样的产品，他们直接从制造商或经销商那里进货，通常向几个不同的零售店供应不同的产品。

2014 年春，菲利克斯和我决定在博洛尼亚 ① 举办的国际美容展（Cosmoprof）租一个展位，国际美容展是全球最盛大的美发美容贸易展。当时，这个为期四天的展会共设 15 个展区，有 3 000 多家参展商和约 25 万名观众。很多人——从为发廊生产椅子的人到制作面霜包装的注塑公司——都会前往国际美容展，他们和欧莱雅这样的大公司一起参展，这些大公司可能花数百万美元租用展位展示它们的最新产品。

我们在茵维斯啵啵的展位上花费了 1.7 万英镑，这对我们而言是一笔巨资，也是我们第一次在营销上投入大笔资金。

同时这也是我们第一次感到被行业忽视。

企业参展并不是一件容易的事。主办方提供基本的展位，其他的都得靠自己。虽然茵维斯啵啵是很小的产品，但我们有很多箱货品，有头戴茵维斯啵啵的大型人物海报、印着企业标志及产品图片的海报。我们也有传单，上面有茵维斯啵啵的详细信息及我们的联系方式，还有随行的一位理发师会用茵维斯

---

① 博洛尼亚（Bologna）是意大利的一个城市。

啵啵盘发发髻。她会告诉展位旁的顾客盘头发只需要两分钟，然后把他们带到展位上，再计时盘头发。

盘发的营销效果不错，因为这样人们头戴茵维斯啵啵，会和朋友同事谈到它，也许还会把它戴在手腕上。这是很好的话题。

参展商在上午九点半开幕前大约一个小时进入会场布置，大约展会开幕前十分钟，广播里传来一个声音：

"欢迎来到国际美容展。离展会正式开幕还有十分钟。希望是克服恐惧的唯一方法。愿好运永远眷顾你。"

好吧，最后一句出自《饥饿游戏》，但这就是我对广播的印象。每天我都觉得——"太棒了！游戏开始了！"

每一天，我们都状态满满，坚持到下午六点半收摊。随着之前业务的不断扩展，我们聘请了一位国际销售主管泽尔达（Zelda），她也和我们一起去了展会。

只是，没人跟我们说话。

人们走过我们的展位，菲利克斯和我站在那里，面带微笑。有时有人会表现出一点兴趣，我们俩中的一个人就会问："嗨，你知道茵维斯啵啵吗？"大多数时候，回答是否定的。我开始跟他攀谈，然后就会发现他的视线越过我落在了五十岁左右的泽尔达身上。我说："我是创始人，您有什么问题吗？"这个人就会指着泽尔达说："噢，我想等着跟她聊聊。"

在国际美容展上，年轻女性（也有男性，尽管当时主要是女性）会分发产品传单，展会的各个区域挤满了供货商，洽谈的声音此起彼伏。那时我 21 岁（看起来更小），人们以为我只负责分发传单，或者我是发型模特，这就是为什么他们想要跟泽尔达对话，因为她看起来更像一个真正的成年人。有时他们会在我们谈话的时候喝完外带的咖啡，然后把空杯子递给我处理。

　　然后，他们走到泽尔达身边，与她交谈，我可以从他们的肢体语言中看出，她在了解对方是经销商还是批发商，或者是其他什么，然后菲利克斯和我就会在展位上做点其他的事情。我们听不到泽尔达的对话，但过一会儿，会有一个手势指向我们，她会解释菲利克斯和我在两年前创立了茵维斯啵啵。然后我就会看到他们的脸上露出了"噢"或者"我不信"的表情，因为我们看起来（也的确是）太年轻了。然后我们会走过去讲述茵维斯啵啵的故事，仿佛第一次提起那样，告诉人们它有多么护发（这是许多业内人士感兴趣之处）等。这种情况每天大概出现 50 次，持续了四天。

　　你不能把产品或任何其他东西落在展位上，因为可能有人会偷走它们。大约一年后在迪拜的一个展会上，一个女人抢走了一大堆装着茵维斯啵啵的包装袋，我们不得不去追她。因此每天结束的时候，我们会打包所有东西，这得花费很长时间。因为展厅太大了，我们需要带着箱子走上好几千米，穿过各种双开门，偶尔会掉下来一个箱子（它会不可避免地翻过去，把茵维斯啵啵撒得满地都是），我们会捡起来继续走。

　　因为参加展会需要承受巨大的压力，我们往往会在漫长的一天结束后跑到酒吧，什么都不吃，然后一不小心喝得酩酊大醉，第二天醒来的时候头痛欲裂，想着："这是怎么回事？"接着在当晚的展会结束后悲剧重演。这就是为什么即使是到现在，贸易展仍然是我们做过的最精疲力竭的事情。

当人们对茵维斯啵啵态度消极时，我们学会了不要生气。这并不是一款适合所有人的产品，但对我来说，我们的螺旋发圈适合绝大多数人，这一点很重要。首先，当有人给出一些不太正面的评价时，这仿佛给了我们一记耳光，但你不能去计较。我们也发现下次展会需要聘请一些意大利员工，因为人们经常对我们说意大利语，我必须用西班牙语（我从小从妈妈那里学来的）和英语混杂着回答，从而勉强应付过去。

最终，参会客户的反响非常热烈，但我们花了一段时间才签订好展会上的业务清单。

国际美容展成了我在大学期间最后一次对茵维斯啵啵的全情投入，因为在这之后，我必须完成所有论文，准备期末考试了。

创业逻辑

⑰ **面对大学最后一年学校提供的就业指导**　仅做参考，与众不同虽然要承担风险与非议，但会更有趣

⑱ **当你第一次在国际舞台上工作时**
1. 找一个看上去也很可靠的大人一起
2. 注意安全
3. 注意语言差异，以及是否需要翻译

第四部分

逐一解决市场问题

在企业成长过程中，肯定会遇到各种各样的问题。例如，遭遇自然灾害、仿冒者频出、物流受到影响、需要平衡工作和生活，等等。这些问题会不断袭来，我们需要坚定的信念将其一一攻克。电话线发圈也经受住了市场的考验。

第十二章

从危机中寻找转机——

正确处理台风造成的供货损失

创业关键词：化危为机　快乐

☑ ⑲工厂突然供货不足
☐ ⑳市场上出现了仿冒品
☐ ㉑欧洲与中国巨大的文化与生活差异
☐ ㉒工厂的回避与隐瞒
☐ ㉓寻找新的工厂
☐ ㉔着火的海运货品
☐ ㉕销量下降
☐ ㉖与创业合伙人分手

我学会了：

💡 若不重视运营，生意迟早得出事；

💡 如果在海外或其他地方有工厂，一定要买一份天气保险；

💡 不要让你的合伙人去往地球的另一边。

学业和事业的转折点

菲利克斯的大学课程长达四年，其中有一个学期是在国外学习。他选择去哪里了呢？

澳大利亚的悉尼。

我没有开玩笑。

就在茵维斯啵啵飞速发展的2014年夏天，他去到了地球的另一边。平心而论，他在茵维斯啵啵上确实费尽心力，但这不

是一回事，他要去一个完全不同时区的地方。我完全支持他的
决定，尽管这对我来说意味着事情会变得比较棘手。

我在六月完成了期末考试，七月查成绩发现我的学位等级
还算优秀。考虑到茵维斯啵啵耗费了大量时间，我对此较为
满意。

考试一结束，我就搬到了慕尼黑，大部分时间都待在酒吧
上面的办公室里，因为订单总是源源不断。

当时是茵维斯啵啵的关键时期，有些初创企业在这个阶段
会失败，因为它们必须非常重视运营，保证从制造商那里订购
足量的产品，在正确的时间以正确的数量交付给正确的客户。
如果客户没有收到自己下单的产品，他们就得向发廊或商店解
释，同时这可能代表着门店的货架是空的，这种情况对于商店
和茵维斯啵啵而言都是有百害而无一利的。

企业的现金流也可能被打乱。如果客户没有收到订单，那
么你就不会收到货款。而且即使客户准时收货，他们的付款期
限也可能长达 120 天，这个时间对任何企业的现金流而言都
过长。

对于初创（乃至成熟）企业来说，从银行贷款或从投资人
那里筹款是很常见的，但这从来不是我们想去做的事情，我们
也从未这样做过。因此，这意味着我们必须严格控制现金流，
如果向任何人供应的产品出现延误，我们必须立即解决它。我
们是做长期生意的，对我们来说，接受外部投资意味着要对别

人负责。茵维斯啵啵的特点是，启动资金不多，创业开始即盈利。虽然我对创业心怀野心，但我更看重长期的品牌建设，并不追求快速销售。打造品牌意味着再投资，同时将爱投入到产品和业务中。

到了 2014 年夏天，电话每五分钟就会响一次，某些经销商会抱怨订单没有收到，又或是此次比往常耗费了更长时间，货物到哪里了呢？每次接到电话或电子邮件，我都得登录敦豪速递公司网页，输入快递单号，找到包裹的位置，然后给经销商回电话。我们没有业务系统，没有自动追踪或计价系统，也没有技术支持。做所有事情都是通过 Excel、Word 和电子邮件。这些麻烦日复一日地发生。

我之前说过，我们雇用了一个销售主管泽尔达，我开始把我和菲利克斯的客户交给她。但是因为我们是公司创始人，当我们试图向客户解释泽尔达将从现在开始负责他们的业务时，他们总会暴跳如雷。这些客户拥有自己的企业，他们喜欢与其他领导或创始人做生意。但我们不可能永远如此，不然茵维斯啵啵会停滞不前，我们两个人将无法摆脱与经销商的贸易往来。

我们把客户交给泽尔达，有时他们会生气，觉得自己是重点客户。他们会打电话给菲利克斯，菲利克斯会说："我在澳大利亚，打给泽尔达。"有时他们会在我正准备把他们的账目交给泽尔达的时候给我打电话。

台风造成的供货损失

在此期间，我突然惊恐地发现我们从中国收到的货物比之前预订的少很多。当时，茵维斯啵啵已经收到所有三合一包装好的产品，但是实际上，我们只收到了订购量的五分之一。

此时，我需要在故事中引入另一个角色：黄梅（Mei Huang）。梅是菲利克斯在贸易展上认识的一个女性，她是我们的代理商。她是一位在德国工作的中国人，会说一口流利的德语。当我们准备终止与梁（阿里巴巴上的供货商）的合作时，她帮我们在中国找到了另一家制造商。

从寻找新的生产设备，到翻译电子邮件，与工厂达成价格协议，以及运输出现问题时回复问题等，我们都完全依赖于梅。对我们来说，所有的茵维斯啵啵在同一个地方生产制造，这一点非常重要，因为我们的生产设备需要达到一定的标准，而且能经受质量检查。零售商对工人有严格的安全要求和标准，我们需要确保自己能够满足这些标准。

仍然没有收到订单，我给梅打了电话。

"嗨！"我说，努力保持一种积极的语气。

"苏菲！嗨！你好吗？"梅说。

"很好，不过我们遇到了一些问题，订单还没有送到。"

"问题？好的。让我看看。"

几天过去了，然后拖到一个星期。与此同时，我们仍在接受客户的订单，通过梅将这些订单发往中国，所有的订单都被接受了。我给梅发了一封电子邮件，她向我保证，我们的订单"很快"就到了，或者说"在路上了"。但是一周又一周过去了，大批货物仍然没有送达。

三周后，我终于从梅口中得知了真相。

台风登陆了中国，我们的生产厂家已经被水淹了三个星期。三个星期！难以置信。

有时企业想要保全面子，不想让客户失望，所以梅没有立刻告诉我们出现了问题，而是一拖再拖。这反而让事情更加糟糕。

所以我不得不给所有的经销商发一封警示邮件，告诉他们我们有"产能问题"，需要对他们的订单进行定量配给，按照比例他们大概会收到原订单数量的五分之一。

与此同时，我们开始收到当时遇到的最大的单笔订单量，比如，"你好，我能预订2万盒吗？""你好，我可以订5万盒吗？""你好，我想要你仓库里的所有库存，你什么时候可以发货？"需求量大得惊人。

我知道我没有库存了。但这只会让客户想要更多：一旦我告诉他们供应有限，他们就会相互竞争，尽可能获得最多的库存。（后来，我们尝试利用这种逆向心理策略：我们告诉客户库存有限，然后期待订单滚滚而来。但是并没有效果。）

我们不得不在接下来的四个月里限量供货，我们俩花了六个月的时间才完全赶上进程，恢复正常供货。我每天早上八点到办公室，不到晚上十点都没法离开，而我做的只是在处理邮件和订单。我们的生产设备不得不从零开始重建。

化危机为转机

尽管台风来袭，2014 年对于茵维斯啵啵来说仍旧意义重大。

在德国，我们的产品已经在高档香水店上架，但我们仍然需要进入大众市场。一家大型的大众市场连锁药店对我们的产品很感兴趣，但和其他零售企业一样，对方希望我们制作其品牌独有的标签。我说过，这对于零售行业很常见，很多企业通常不售卖其他品牌的发饰，只卖自己的品牌。

如果这行不通，它们就会选择风险较小的方式——把产品打上自己的标签。

我们还发现，如果一个品牌产品的销量超过预期，零售企业很快就会生产同款。一些制造商的销售团队在面临将产品销售给零售企业的压力时，有时会同意为它们生产零售商自有品牌，但我坚持拒绝茵维斯啵啵走这条路。

事实上，通过德国的媒体报道和博客宣传，茵维斯啵啵愈加出名。这挺让我惊讶，不管男女都会问朋友手腕上的螺旋形东西是什么，这已经使它成了聊天的话题。而且你不可能随时随地买到茵维斯啵啵，因为我们采用了选择性分销。

最终我们说服这家德国大众市场连锁药店，使它在2014年11月订购了茵维斯啵啵三合一透明方盒，之后茵维斯啵啵成了该公司有史以来最成功的美发产品之一。当你生产出了一款人们需要的商品后，大家都会争先恐后地购买。同样令人疯狂的是，大多数品牌推出此类新产品时，它们会在营销上投入数十万美元甚至更多，而我们一分钱都没花。预算是零。茵维斯啵啵能成功入驻这家零售企业的原因之一：我们提供免费的纸板支架（这是我们唯一投入的营销资金）。此前商店告诉我们它们没有更多空间，纸板支架帮助我们解决了这个问题。

那一年，我们的业务从年初的13个欧洲国家，到年底扩张到30个国家。从年初到年底，营业额增长了15倍，我们感到十分快乐。如果没有台风，我想营业额会增长30倍。仅2014年一年，我们的营收就达到了520万英镑——而我在那年夏天刚刚毕业。

创业逻辑

⑲ **当你因突发状况无法及时供货时** 不如当作一场饥饿营销操作

第十三章

专注做自己——

从容应对模仿者

创业关键词：专注　创新

我学会了：

生意是残酷的；

假货真是太可怕了；

致力把品牌做到最好有助于打击抄袭。

假货风波

当你还是小孩的时候，你去保龄球馆，工作人员会在球道的两侧放上保险杠防止球滚出去，这样你就能更好地打中球瓶。好吧，是我们太天真了，以为我们这些有自己公司的小孩也是如此，偌大的商业世界会为我们竖起护栏，因为我们还年轻，对它还不熟悉。我们从了解我们的客户那里得到了很多鼓励，尤其当他们知道我是一名"女企业家"时。现在回想起来，由于我们属于一个被低估的群体，我全身包裹着一个"保护气泡"。

但在 2014 年，也就是我们商品的台风年，这些护栏肯定脱落了，为什么呢？

一个词：假货。

当我第一次知道我们被抄袭时，我正坐在办公室的办公桌前，浏览茵维斯啵啵的脸书网页。我一个人在办公室，菲利克斯在澳大利亚，新旗团队也不在。我在我们上传的一个视频中看到了一条评论，大概是这样的：

"我第一次买茵维斯啵啵的时候，它们很不错，但我后来买的一包真的糟糕透了。我刚才想扎个马尾，结果发圈断了。不要买这个产品！！！而且，包装和以前也不太一样。"

我浑身发冷。我立即回复了这条评论，并附上自己的邮箱地址："你好，谢谢你的评论。很抱歉你遇到了这样的问题。你能给我发一张发圈和包装的照片吗？"

几分钟后，邮件来了。这位女士说她是从一家俄罗斯发廊买的，包装的照片和我们的商品外观一模一样。但是只看图片，我就知道这个立方盒可能比正版茵维斯啵啵包装短 0.5 厘米。但它上面有我们的名字、商标和宣传语，比如"无痕发圈""不伤发"。除了尺寸，其他看起来都一模一样。

见鬼了。

我无法解释我对此有多生气，但我真的非常愤怒，因为竟然有人制造假货，假装它们是茵维斯啵啵正品。这意味着某个

133

人在某个地方向一家工厂简要介绍了我们的发圈和漂亮的方盒，然后让它抄袭，经销商、发廊和消费者会以为它们是真的，然后在发圈断裂或缠发的时候指责我们。这些都是廉价的冒牌货。

如果有人完完全全地抄袭你的产品，这种直接仿冒的好处是，你知道你可以立即联系所有的经销商和批发商，让他们检查产品是不是真的。我们后来了解到，如果你看到外观和品质几乎一模一样，只是稍微改变了品牌名称的假货，那么你就无法知道它们是如何进入市场的，又或是谁在销售它们，如此很难追踪到问题出自哪里。

我开始给所有的经销商和零售商打电话、发邮件。我希望能博得一些同情，但实际上我从某些合作伙伴那里得到的只是愤怒。他们指责茵维斯啵啵让假货进入市场，并且非常生气，因为他们已经为假货埋单，我不得不让他们销毁假货，然后寄一份销毁证明过来。我们也感受到了一些恶意，某些商家试图把成本转嫁给我们（被我们拒绝了）。但从长远来说，这个行为有助于阻止假货的流通，最终我们所有的合作伙伴都检查了他们手上的产品是否为授权的正品。

我们还通知欧洲国家的海关对于标有"茵维斯啵啵"标签的商品开展进口检验，他们会检查抵达边境的箱子里装的到底是什么。我们用这种方法成功阻止了一些仿冒品，但仍有小部分赝品成功通过海关。

台风造成的生产延误也给了仿冒品进入市场的机会。我们的产品需求明确，但一旦不能及时满足市场需求，其他经销商（我们没有合作的）就会抓住机会制造他们自己的版本。其中有一款叫作因斯啵啵（EZbobbles），它仿造了我们的立方盒包装、圆形商标，并用了我们的标语。Instagram 上的帖子写着："这款设计不伤发，"而且也提到了我们，"可以替代茵维斯啵啵。"至少他们知道自己抄袭的是谁，并在某种程度上承认我们是原版（也是最好的！）。但是我只需要看因斯啵啵的照片就能发现线圈的两端焊接得很糟糕（我们的焊接能让发圈成为完美的环形），因为能看到一个很丑的隆起。因斯啵啵也抄袭了理发店里的金字塔造型小型纸板架，再说一次，见了鬼了。

　　这些仿冒品进入市场的主要问题在于，消费者不一定知道它们和我们的区别，尤其是在我们还不是一个成熟品牌的阶段。人们也不习惯发圈拥有独立品牌，因为他们总是购买商店自有品牌的发圈，其通常是把多根发圈钉在硬纸板上。

　　像这样的仿冒品使用了和我们完全一样的产品说明，而且一句不差。这些文字说明印在我们自己的包装上，我们拥有版权，因此我们有理由对销售它们的理发店和零售商提起法律诉讼。

　　有一段时间，我的全职工作就是处理假货。我会根据销售这些假货的理发店找出产品经销商，然后给他们打电话。很多时候我都在慕尼黑窄小的办公室里，独自一人端坐在办公桌前。我会在椅子上坐直身子，跷着二郎腿，一边咳嗽，一边用最严肃的口吻说话。

"你好。我是茵维斯啵啵的法务部,"我说,努力保持着冷静,"我发现你在售卖因斯啵啵,它是我们的仿冒品。因为因斯啵啵抄袭了我司拥有版权的产品说明,我司正对他们提出法律诉讼,需要你立即停止销售此类产品。"我会尽可能使用法律术语,这样听起来更具说服力,更显得郑重其事。

有时回应是积极的。有时我不得不再使把劲,21岁的我独自坐在办公室,努力让自己听起来更加成熟老练。"我司尚未让律师参与,尽可能不用法律手段解决这个问题,但如果贵司在接下来的一周仍继续销售此类产品,我司不得不递交责令停止通知书。"然后我紧接着发送一封邮件,署名为知识产权保护负责人,而不是管理合伙人。责令停止通知书是用来禁止非法活动的法律文件,你可以警告对方,如果其公司继续销售产品,你可以提起诉讼。

我们即便在法律上也无能为力的一件事是仿冒品本身。很多律师告诉我们,茵维斯啵啵的形状没办法申请专利,因为电话线等事物已经让卷曲的形状广为人知。最终这类仿冒品还会反咬我们一口。

在英国,我们曾经遇到过大量假货,部分原因在于我们的经销方式。当时我们已经和几家公司签订了协议,授权它们为某一区域的独家经销商。这是一个错误,由此一来这些独家经销商没有合作的理发店就买不到茵维斯啵啵。该区域的其他经销商会不高兴。

茵维斯啵啵体积小、重量轻，经销商把它出售给美发师并不困难。其他经销商也希望售卖茵维斯啵啵。他们总是听到茵维斯啵啵的成功，不过我们在某些区域已经签订了独家经营协议（后来发现这是一个错误，但一开始我们毫无经验），一些拿不到产品的经销商开始生产他们自己的仿冒品，一时间纷纷涌入了英国的理发店。

它们看起来和正品极其相似，质量却并不太好。我们在设计包装时非常谨慎，因为我们不想包装在架子上或家里沾染灰尘，所以包装防刮伤防静电，尽管肉眼看不出来，表面看上去似乎所有人都可以模仿我们。

还有一次，我们在英国最大的批发商之一打电话说他们将不再代理茵维斯啵啵，要停止订购。这对我们来说是一笔相当大的交易，因为他们每年从我们这里订购大约25万英镑的产品。批发商说，他们想"走一条不同的路"。那家伙的语气让我意识到他们想要造假。所以，在接下来的几周里，我们在网上追踪他们，查看官方网址和推特，看看他们在做什么。果然有一天仿冒品出现了，就是他们自己仿造的茵维斯啵啵，和他们出售的所有其他产品一起在网上展示，里面还使用了一些我们受版权保护的材料。至少我们现在可以起诉他们了，他们必须告诉我们所有客户的身份，这样我们可以保证客户手上能收到茵维斯啵啵的正品。

甚至有一天，当我们在美发行业展上参展时，另一个展位出现了我们品牌的仿冒品。那天是在伦敦每年举办的国际沙龙展（Salon International）上，我们的展位特别好看，有漂亮的展品，还有一个理发师盘发髻。我们在另一个展位上看到了假货，我在此称之为咻咻啵啵。

在这个展会上，一个大腹便便的中年秃顶男人出现了。他看起来像一只鼻涕虫：一只在过去十年从未见过阳光的鼻涕虫。

他挪到我们的展位前说："你好，我找你们老板。"

"你好，我是创建人之一，我能帮什么忙吗？"我回答说。他上下打量着我，仿佛在说，但你还是个孩子。

"嗯，我来自咻咻啵啵。我们的发圈比你们卖得便宜，我想你应该知道。"他带着一脸得意的表情说，"最近可好？"他问，等着我对他以比我们更低的价格出售他那劣质仿冒发圈发表感想。

"是的，我想我们已经通过律师和你联系过了。一切都很顺利，谢谢。我们刚推出了新系列，在博姿（Boots）和都会服饰（Urban Outfitters）已经上架了一段时间，我们过得很开心。"我说道。

"行吧，你们不会开心太久的。"老男人说着又回到了他的展位。

我对咻咻啵啵男并不在意。奇怪的是，我反而因为产品被这样的人抄袭而感到沮丧，他们这样的人可能这辈子有无数个后悔的瞬间，他们的生活没有更好的事情做，除了去仿冒青少年发明的新款发圈，然后在行业展上来到我们面前，贬低我们的产品，觉得自己高人一等，并因此沾沾自喜。如果咘咘啵啵先生在发饰上贡献过些许巧思妙想，我可能还会对他有一些尊敬。仿冒我们的人通常和咘咘啵啵先生很像：他们从身体到生意，对所有事情都不付出努力，整日游手好闲，只想着赚快钱。

我想这些坑人的家伙这么做无非是觉得这是赚快钱的捷径。发圈和立方盒很容易仿造，他们可以复制我们。但是像茵维斯啵啵这样简单的产品，做好反而是很难的，需要保证颜色一致，质量优良，同时不断为新颜色和新款式构思有趣而有创意的名字。

我们还有一个优势——因为他们以为抄袭很简单，所以最终这些假货看起来又便宜又劣质。他们进入主流零售企业很难，因为质量过差，而且明显是仿冒品。

在贸易展会上与咘咘啵啵的对话并不是我们唯一一次面对面应对那些冒牌商家。

展会上的仿冒者

回想 2015 年的春天，我们第二次参加博洛尼亚国际美容展，再次花费 17 000 英镑租了展位，一如既往地不小心在很多个夜里喝醉，每天在咖啡和红牛中度过。

展会的部分区域会划分为不同的国家，这样人们可以找到自己地区的美容产品。在离我们展台大约45米的地方，有一个展位。

前一年，我在这个展位看到 TT 梳的假货，所以我这次有点担心。借着一次难得的机会，我决定和菲利克斯去看看。我们四处闲逛，看到了展位上各式各样的夹发器、发廊椅子、洗发水和发刷，其中很多产品的背后都放着一张被放大的西方女性的照片，在镜头前的双目含情脉脉，一头完美的秀发吹向一侧，这张同样的照片在各种产品的背后使用。

突然，我发现了。我的心跳慢了一拍，全身冒汗，惊慌失措。

一个完全假冒伪劣的茵维斯啵啵展位，和我们简直一模一样。

就像脸书上那位女士所描述的俄罗斯假货，包装和商标完全照搬，只是这次是在现实生活中，仿制品就在眼前，陈列在一个来自任何地区的任何人都可以经过的展位上。他们甚至用的是和我们一模一样的照片。我们当时的发型模特是尼基的女朋友塔利亚，没错，就是她，图片尺寸比真实人像的还要大，赫然呈现在他们展位的后墙上。这张图片和我们展位如出一辙，而我们的展位仅在45米外，还正在参加同一个贸易展会。见鬼去吧，他们还得寸进尺，打着新旗的品牌。

我怒不可遏，直接冲到了展位小哥面前。

"你在抄袭我们的产品！你必须立刻处理掉。全部！"

那个家伙是个30岁出头的男人，他只是看着我，扬起眉毛。

"Qual è il problema？"他用意大利语问。

"Il problema？ IL PROBLEMA?!"

我不会说意大利语，所以我用西班牙语吼道："你在抄袭我们的产品！你必须立刻处理掉。全部！"

他听懂了一些，但是摇了摇头。

"non rimuovo nulla. Questo è il mio marchio, queste sono le mie fotografie."

到这我就听不懂了。

"NON RIMUOVO NULLA? NON RIMUOVO NULLA."
（我猜意思是"我什么都不会处理。"）

"墙上是塔利亚，"我用英语喊道，"塔利亚！！！她是我们的模特。这些照片不属于你们。这些照片不属于你们。"我把茵维斯啵啵仿冒品拿起来丢在地上，抓起展位上一堆印有我们照片的传单，扔在地上，然后猛扯塔利亚的海报。就在我撕扯的时候，他拾起了装有发圈的盒子，重新放回了展位上。然后我又试图打开他放在展位后面的手提箱，但它是锁着的。我又把那堆冒牌货掀到地上，那家伙离我太近了，他用意大利语吼叫着让我停下，我的脸上都是他的口水。

我看向菲利克斯。

"我们该怎么办？"

"告诉他我们要去找警察。"菲利克斯说。

"Vamos a la policia！"我用西班牙语吼道（我猜意大利语和西班牙语的"警察"发音应该差不多）。然后我想起一个单词，"Carabinieri"是意大利语中的警察。

"Carabinieri！ Carabinieri！"我嚷道。

他终于有所反应，把仿冒货——拿了下来。

"很好。我会看着你的！"我说道，同时用两根手指指着我的眼睛，然后又指向他。

我不敢相信国际美容展会允许假货入场，况且我们的展位距离只有45米。

我们回到了自己的展位，对于亲手撕碎了一个造假厂商，我对自己还算满意。

几个小时后，我们又来到了那个展位。

一切都恢复原状，和之前一模一样。那家伙正忙着接待一位顾客，这位顾客正把假货戴在头发上。我努力保持冷静，走回了自己的展位。

菲利克斯和我前往国际美容展的知识产权部，把卖假货的展位照片拿给他们看。他们表示很抱歉，但解释称如果没有证据证明海报的版权属于我们，他们也无能为力，这需要我们提供相关文件。

所以我打电话给尼基解释了情况。

"我们没有那些文件。"电话里的声音沉了下来。

"什么意思，你没有那些文件？美容展有一个人在用你女朋友的巨幅照片，就在我们几米远的地方，而你却没有文件证明这些照片是我们的？！"

事实证明，我们确实没有这些海报的版权，这是初创公司常犯的典型错误。我们甚至不知道需要协商的权利具体是什么，而且目前的时间非常紧急，我们只有几个小时来解决问题。幸运的是，尼基和摄影师很熟悉，请他把版权转让给了我们。他们写了一份合同，签完字后扫描给身在国际美容展的我们。

知识产权部的人带着文件和我们一起来到这个意大利人的展位，要求他把海报撤下来。这似乎不是一个简单的过程，中途有很多交流，他指向海报，那个意大利人走到海报前，推了推，然后转身对着知识产权部的人挥手。

知识产权部的人转身对我说："他会把产品撤走，但留下海报可以吗？"

我难以相信自己听到的，但现在我知道为什么有那么多手臂挥动的动作。这些海报挂在他展位的外框上，与墙壁融为一体，所以把它取下来实际上会破坏整个展位。我用《辛普森一家》(*The Simpsons*)中彭斯先生的声音对自己说，太棒了，双手戴着手指垫握在一起，太棒了。

"我不管。你可以拿把刀，把它从墙上扯下来，这我不管。"

意大利人便是如此操作的。他又扯又撕，把照片撕得粉碎。他很生气，站在椅子上，把架子上的所有东西往地上扔。

"你现在高兴了吗？"他用意大利语问，工作人员翻译道。

"我不管你花了多少时间仿冒发圈，抄袭包装，带着你的手提箱从你的家乡大老远飞过来。我也不管这个展位可能花了你3万美元。我不在乎这些。"我说。

我不知道工作人员是否翻译了我的话。

专注于产品，成为"品类之王"

在与假货和冒牌的斗争中（此后仍然发生），我发现越专注于打造最强品牌，做到细节到位、取名新颖、设计独特（设计精美的三合一包装）、质量管控严谨，仿冒者越难从我们这里抢走客户，包括咘咘啵啵等仿冒者也会因此消失。

这并不是说他们不构成威胁。在2014年的某一刻，我曾经以为我们会因为仿冒品而倒闭。我的脑海中回荡着人们关于螺旋发圈只是一时的潮流的声音，这种风尚最终会消失。我以为这些仿冒品是公司消亡的开始，我以为我需要去求助管理咨询公司。

但我一直对那些持怀疑态度的人说，"我不这样认为，因为这个产品具有功能上的优势，与现在的传统发圈存在根本上的差异。如果我们确保自己的产品质量达到最好的水平，通过大范围分销，那么我们就会有美好的前景。"我对自己说，你能抄袭肥皂、牙膏等诸如此类的东西，但是生产名牌肥皂和牙膏的大型企业仍然运营情况良好。

最后，总会有更喜欢正版茵维斯啵啵的客户，也会有更喜欢廉价仿冒品的客户。重要的是，他们能明白两者的区别，我这里说的是"类似"产品，那些与我们的产品非常相似的仿冒品，而不是完全的假货。我有时会在社交媒体上看到这样的评论："我今天买了茵维斯啵啵的仿冒品。"我想，好吧，他们已经主动决定买更便宜的版本了。我的意思是，你能指望一个 13 岁的女孩在头发上花多少钱？有些商店服务于年轻人的市场，他们有自己的定位，但我们的核心消费者实际上是 20 多岁的女性，她们会为自己买茵维斯啵啵，我们还发现稍微年长的女性会同时为自己和年幼的女儿购买我们的产品。

我们现在不但专注于做到最好，还专注于做到最大，走在创新的最前沿。作为发明这款新产品的品牌，我们的责任是成为客户口中的"品类之王"：成为行业引领者，去创造更多有趣的、与众不同的、备受消费者青睐的发圈，做出他们从未见过的产品。

▎创业逻辑 ▎

⑳ 当有人仿冒你的产品时

1. 尝试拦截假货来源
2. 从法律的角度与竞争对手进行严肃的沟通
3. 将自己的产品做到极致，获得忠诚的消费者

第十四章

追根究底才能成为"工匠"——

探寻生产基地

创业关键词：追根究底　责任

- ☑ ⑲工厂突然供货不足
- ☑ ⑳市场上出现了仿冒品
- ☑ ㉑欧洲与中国巨大的文化与生活差异
- ☑ ㉒工厂的回避与隐瞒
- ☑ ㉓寻找新的工厂
- ☐ ㉔着火的海运货品
- ☐ ㉕销量下降
- ☐ ㉖与创业合伙人分手

我学会了：

理解不同文化的差异性；

如果你有一个海外负责人，一定要非常详细地确认岗位职责；

中国生产的塑料产品多种多样。

到中国视察生产商

在生产设备被台风摧毁后，我们连续几周都被蒙在鼓里，最后我们决定去中国了解更多的发圈制作过程，并寻找备用工厂，以防类似事件的再次发生。那时我们也有一些小的质量管控问题，但由于我们开始进入大规模经营模式，这些问题就变得非常严重了。我们注意到不同批次之间的颜色差异——有时"潜水艇黄"看起来像"高能见度夹克黄"，这不是我们想要的颜色，而且有时我们注意到茵维斯啵啵比之前的批次更厚——
当你向零售商供货时，你不能有这些差异。

我们问过中国的代理生产商梅为什么不能保持一致，但从
制造厂那里似乎并非总能得到直接的答复。我们想知道工厂是
如何运转的，他们每天生产多少根茵维斯啵啵，他们如何确保
生产中没有遇到瓶颈，我们还想了解工人是否有足够的休息时
间及公平的工作环境。

我们首次造访是在 2015 年 6 月，当时菲利克斯已经取得了
学位（当然他的成绩是一等）。我们的生产基地位于港口城市青
岛（以青岛啤酒闻名），从德国到那里需要在北京转机，飞行时
间 15 个小时。

当时中国有一个规定，外国人必须入住可以将登记信息传
至公安系统的酒店，确保像登记入住这样的基本程序不会出现
问题。但是，因为我母亲是西班牙人，父亲是丹麦人，所以我
有两本护照，一本名字是丹麦语，另一本是西班牙语（我用的
是丹麦语的那本）。我从一年出差 120 天的经历中了解到，用我
的丹麦名字预订所有事宜，然后也只使用我的丹麦护照，这是
最好的方法，否则往往会让入境处工作人员感到困惑。

但不管怎样，经过从慕尼黑到青岛的长途跋涉，我和菲利
克斯终于到达了我们的酒店，这是一家著名的五星级连锁酒店。

令人疑惑的生产基地

从青岛到我们的生产基地有三个小时的车程，我们想早上八点到达目的地，以确保我们有尽可能多的时间在那里度过。因此，第二天早上四点半，我们就起床了，五点时梅和一位司机来接我们去郊区，道路很快从平整的路面变成了砂石路面。

在道路上颠簸了几个小时后，我们来到了郊区村庄里一栋小楼房前，梅告诉我们这是我们的生产基地。

我们走了进去，来到了一个狭长的房间里，房间的一边开着窗，房间里面有一台笨重的机器，机器上有一个金属漏斗，还有一条两边都是金属的长传送带。这是一台挤压机，可以把彩色色板压成笔直的长条，长度大约类似于意大利面。这些长条状的材料会从机器中吐出来，另一端的地面上垒了一堆。然后它们会被缠在热金属条上做成螺旋状，再被切成小段，两端被焊接在一起，制作成茵维斯啵啵发圈。

在提问之前，我们得先与生产经理见面，一起喝杯茶，就坐在挤压机旁边的小屋子里。里面有气派的高靠背中式办公椅，椅子边缘镀金，搭配毛茸茸的靠垫。椅子旁边是一张办公桌，上面放着一台老式的台式电脑。

电脑旁还有一张稍微矮一些的桌子，桌上摆放着一个电饭煲和盛满水的炖锅。桌上放置着一个金属茶盘，用来收集溢出来的水，茶盘上有一个沥水盘。所有东西都放在一块湿漉漉的茶垢布上。我们坐在气派的椅子上，工厂经理辛拿出一些小茶杯。辛生产发圈，梅负责管理，并向我们及时汇报生产进程。这是我们第一次与辛见面。

喝茶是中国人热情好客的传统，你最不应该做的就是不喝茶。

在喝茶的过程中，我们试图通过梅问辛，他是如何运营公司，如何招聘工人到工厂上班，为什么有一堆没有焊接好的发圈堆在地上。第一天令人沮丧，我们没有得到关于生产过程的答案，也知道很多东西需要改进。在访问工厂的第二天，我们提出了更多问题，想要得到答复。第一天我们与梅和辛吃了饭后，菲利克斯和我就回到酒店写下了一长串需要向辛说明的事情，以及我们的困惑。我们并不知道每天生产多少根发圈，没有看到任何人在操作机器，也没有看到任何人把发圈的两端焊接到一起，第一天只有辛在那里。

我们想知道这一点，是因为零售商会来审查，而且我们也需要工厂的员工明白茵维斯啵啵保持一致的颜色和厚度，以及能被精确地装进包装里的正确尺寸有多么重要，只有这样，发圈才会给人规模生产的感觉，这对所有销售该产品的零售商和发廊，以及头戴发圈的人来说，都保持了质量一致性。

我们开始核实我们昨天列举的清单内容，对于每个问题，辛的答案都是"是"，没有其他。我问："你能确保每个发圈的厚度都是一样的吗？"梅翻译。辛点头，给出了一个字的回答。

然后我会说："我们需要所有的颜色保持一致。你能保证颜色一致吗？"我们同样看到他睁大眼睛点头。菲利克斯和我一边轮流问问题，一边瞪大双眼面面相觑。我们又询问发圈是如何绕圈、切割和焊接的。我们想要弄明白，当彩色塑料长条从机器里出来后，它是如何被切成合适的长度的。

梅和辛讨论了很久，最后答案是："剪就行了。"

"但是你如何确保它们被剪成合适的长度呢？"我问道。
"他说，'剪就行了'。"梅说道。

我深吸了一口气。

"能展示一下怎么剪的吗？"

这似乎是所有问题中最难的一个。梅和辛又聊了很久，然后辛举起手，手指呈剪刀的形状。

"不是的，"我说，"我想你亲自演示一下，到底是怎么把材料切成一段一段的。"我拿起一根塑料长条，把它放在桌上。

"我们，剪，像这样。"辛演示的过程中，梅翻译道，辛只用了一把剪刀，没有用尺子。

最后，我们找了一把尺子，在桌子上画出了每根发圈所需的精确长度。我们在桌子旁这样比画了很多次，他们告诉我工厂员工就是坐在这张桌子边，把材料剪成小段的。

那一天，以及之后的日子里，很多问题我们都没有搞明白，但是梅一直保证会给我们答案。比如有多少人在那里工作，每天被机器挤压的材料精确长度是多少，每小时或是每天生产多少发圈，工人工作时长是多少，工人有多少休息时间。

每次我们问一个关于生产的细节问题，梅都会问辛，然后经过漫长的讨论才能得到回答。我们想知道具体的大小、数量、重量和尺寸，每小时、每天或每月的产量——问题细致入微。我们还想查看员工合同，以及工人每天上下班的打卡记录。

在一个特别细节的问题后，梅说："没有电脑。"
"没有电脑？"我说，绷着脸看向菲利克斯。
"没法用电脑查询，电脑被辛的奶奶借走了。"

菲利克斯此时正站在梅和辛的后面，他扬起眉毛，他的表情告诉我，他并不相信。

"辛的奶奶在哪里？我们可以去取吗？这里有司机。"我说。梅和辛之间的漫长对话再次上演。
"他说，'他的侄子从奶奶那儿拿走了电脑，他们需要在婚礼上使用'。"梅说道。

什么婚礼？！

"两周后的婚礼，他们会去坐船，带着电脑。"她说。

如此清楚的解释！听到这个理由我真是"松了一口气"，我想。

突然一阵挫败感涌上我的心头，我的眼睛发酸，泪水在眼睛里打转。我们大老远来到这里想要解决生产问题，结果一无所获。感觉回答的一切都是他们胡编乱造的。

"辛说他知道所有答案，他会告诉你数字，你写在纸上，这样你就有记录了。"梅说。

我们别无他选，只能同意。辛通过梅的翻译慢慢地回答我们的问题。但是他从未查阅任何一张纸或一个文件夹，一次也没有。他怎么可能记得所有的数字呢？每次他告诉我们一个数字，菲利克斯都会写下来，这样我们就可以在酒店做数学题了。

我们也没有看到长条的两端是在哪里或如何卷起，然后焊接在一起成为最终的圆形发圈的，更不用说包装了。发圈是在哪里装进三合一透明盒里的？谁来负责？

事情渐渐明朗

一切似乎总是模糊不清，毫无专业性可言，我们越来越觉得

154

自己没有被告知事实真相，又或许生产过程有其他工厂参与其中。

梅没有给我准确答案，整件事就像是一个弥天大谎。我们迫切想要了解整个过程——最好是在同一个屋檐下进行——这样我们就能对所有事情进行核查。

我们尝试了另一种战术：有一天在没有通知任何人的情况下，我们突然造访工厂。挤压机没有运转，大概有六个工人在那里，他们用箱子塞满茵维斯啵啵，正准备装运。一夜之间把整个工厂完全转变为包装厂是不可能的，所以我们问他们发生了什么，他们只是说那天是包装日。

那里有很多大袋子，里面装满了发圈，工人们正打开袋子，把发圈装进箱子里。为什么他们愿意花费功夫只是做把一袋袋袋装发圈打开，然后装进大箱子的工作呢？这不合情理。

我仔细看了看这些袋子，发现上面有标签，都是汉字。梅说那是"批次码"，我们也不懂是什么意思。我们拍了照，回到慕尼黑后，让中国朋友帮我们翻译。

那不是批次码。那是中国山西临汾市的一个地址，离青岛有 960 千米。

霍普的加入

我的校友霍普总是梦想着自己将来会成为一名原油交易员，因为这是一个快节奏、男性主导的行业，她认为自己可以脱颖而出，生活得光鲜亮丽，赚得盆满钵满。

她开启了求职之路，整日在银行设立的一个平台上操作虚拟交易（银行用来测试求职人员），一些人居高临下地从身后盯着她，对她的利润率指指点点。霍普总结说，如果测试是这样的——她形容这是一次"极其可怕，极不愉快的经历"——那么为这类银行工作可能会更糟糕。我们开始讨论她有没有可能来到茵维斯啵啵工作。

霍普知道茵维斯啵啵的业务在几年前就初具规模，当时我们去巴塞罗那旅行，而我一直在开"发票"。几年之后，我住在慕尼黑，霍普住在伦敦。她是英国人，在我们分开后继续学习，取得了硕士学位，中途来德国和我见过几次面。每次我指着自己喜欢的餐厅说："我要在周二去这样的地方吃饭。"霍普会说："噢，很棒。"然后转换话题。我有点想知道她是否能考虑一下来慕尼黑为茵维斯啵啵工作，因为她非常聪明，逻辑思维比我更强，并且做事很细致。我认为她适合运营或销售。

我跟她分享了越来越多的公司情况，她的兴趣也越来越浓厚。我们畅所欲言，我告诉她我们有销售人员，完善的分销渠道，我们也在考虑新产品的开发。但是霍普此前对原油交易行业更加关注，她担心自己的能力在茵维斯啵啵没有用武之地，况且她对美容行业一窍不通。

我跟她讲，菲利克斯和我刚开始对美容行业也一无所知，但我私下让她知道，我们2014年的营业额达到了近700万美元，这才仅仅是我们创业的第三年。

总之，我当时在伦敦的一家高档中餐厅庆祝我的 22 岁生日，我俩喝得酩酊大醉。我想，巧妙地让霍普坐到达尼旁边是一个好主意（他们此前没有见过），达尼可以评估她是否适合成为茵维斯啵啵的员工。因为她是我的朋友，所以我需要一个客观的人来评断她是否合适。我们坐在一张很长的桌子旁：霍普和达尼坐在我对面，我坐在菲利克斯旁边，所以我能分出一半注意力听一听他们在讨论什么。

霍普对很多食物过敏，所以她点了一道特别的饭菜，和其他人吃的都不一样。它是一份鸭子沙拉，结果发现这也是达尼在菜单上最喜欢的菜。霍普清楚自己应该给达尼留下好印象，所以她分给了他一些食物。

然后达尼向霍普不断提问关于石油行业的问题，有些问题比较深入，因为他是那种喜欢对任何事情刨根问底的人，就像是在测试她是否真的知道自己在说什么。因此，当达尼吃着霍普的鸭子沙拉时，霍普在一旁讲述着原油交易的细枝末节，而我在桌子的另一边喝得不省人事。霍普一边继续回答问题，一边时不时往嘴里塞一块虾片，她偶尔还会瞥我一眼，仿佛在问这家伙是谁? 我没有任何用处，我只是一个过生日的女孩，而且已经开始喝子弹酒（shots）①了。不过最后达尼先离开了，我

---

① 子弹酒是一种酒精度很高的小酒杯装的酒。

们去了一家酒吧，霍普终于能喝上一杯了。这俨然不是一次常规的面试。

达尼对她印象深刻，我们最终同意霍普来茵维斯啵啵工作，职位头衔类似于研发"团队"的"项目经理"。她成了研发部门的负责人，但有段时间，她又变成了生产部门的负责人。因为我们在中国的生产遇到了严重的问题，亟须解决。

几年前，霍普参加过一次学校歌唱旅游活动，在北京待过一段时间。她和一个中国女孩及她的家人住在一起。

在我们初次造访中国后，我们意识到急需另一种方案，而霍普可以过来帮助我们。我们仍然没有从梅那里得到关于发圈如何制造、每天生产的数量或他们如何管控质量的答案。

我们决定在得到答案之前停止下单，也就是说我们不会继续支付生产费用。

在我们停止订购的几周后（梅那段时间变得非常安静），我们收到了一封电子邮件，大意是这样的："你好。我是你们位于临汾的工厂，你们已经两周没有付款了。发生了什么事？"

临汾？我们在那里没有工厂。我们难以置信地回复邮件，要求他们拿出证据证明他们在生产茵维斯啵啵。他们寄给了我们所有发票及我们要求梅提供的所有文件，包括他们为我们生产的产品的精确数量，他们每天、每周和每月各生产多少产品，以及发圈销往哪家理发店或零售商。

原来，在距离青岛960千米之外的临汾，有一家工厂已经生产了三年的螺旋发圈。经过多次的邮件来往，我们发现中国不止一家工厂在生产我们的发圈，所有这些发圈都会送往青岛。青岛的工厂只用于包装，梅早就知道了。事实上，这是她一手安排的。

我们发现，在过去三年里，梅把我们的发圈生产环节外包给了不同的工厂，每个月都有成千上万的发圈陆运到青岛，然后在那里进行包装和船运。她会支付费用给临汾及其他工厂，然后自己大肆抬高生产报价，加上她自己的费用，把成本转嫁给我们，假装是青岛的工厂在生产我们的产品。梅精明地把她的服务卖给了我和菲利克斯，她告诉我们她会为我们寻找制造商。但事实证明，她并没有与专门从事塑料生产的工厂有任何直接联系，而且她根本没有管理生产过程，所以难怪我们的发圈颜色或尺寸都不太稳定。

我们问临汾的工厂他们生产茵维斯啵啵的要价是多少，回答让我们一阵心寒，又欲哭无泪。我们算出来梅每年多收了约70万英镑，三年多来，我们总计被骗了约220万英镑。

我再说一遍：我们被骗走了约220万英镑。

这笔金额足以让小公司倒闭，但我猜因为茵维斯啵啵一直销量不错，所以我们才得以继续经营下去。但即便如此，我们还是怒不可遏，把梅告上了法庭。

但我们输了。

原因是法官不认同两者的区别：梅从工厂直接采购和管理

生产过程（正如她之前告诉我们的那样），和她把整个生产环节外包给其他几个随机选取的工厂，然后她负责管理包装及青岛船运环节之间的差别。她简直谎话连篇。我们既愤怒又震惊，但必须向前看。

探寻生产工厂

在经历了梅的灾难事件之后，我们需要弄清楚具体是临汾的哪家工厂在生产茵维斯啵啵。但我们也知道我们需要考虑其他选择。了解市场总是好的，谁生产什么东西，他们收费多少等——因为我们太依赖梅了，我们不知道有什么选择。这就是霍普的第一个工作任务，我和她一起开车去找寻答案。

霍普和我非常了解彼此，我们几乎可以秒懂对方的心思，甚至从细微的嘴巴抽动或微微扬起的眉毛就能理解。我们开发出了一种不用说话的交流方式。一个抬头表示"到厕所来见我，我们聊一聊"。

在我们的探寻之旅中，甚至看到了好几家为欧洲大型零售商生产螺旋发圈的工厂。我已经说过，对于商店来说，生产自营品牌产品是常见的方式，一些我们供货的零售商已经开始生产他们自己贴牌的螺旋发圈了，那种绑在纸板上售卖的发圈，就像普通的弹性发圈一样。看到这些工厂我们五味杂陈，但不得不接受现实，正是因为我们的产品太成功，零售商才会想要生产自己的版本。

人们选择在中国生产产品的大部分原因在于中国有多年获取原材料、制作不同类型塑料制品、规模化生产的专业经验，没有其他国家能与之匹敌。

当我们去义乌的时候，我们看到了庞大的市场规模。义乌拥有世界上最大的小商品批发市场。我们在飞机上就意识到这个地方可能有一些不同之处，因为来自不同国家的人会专门飞往这个城市，取行李的传送带上装满了空箱子。

这个市场有超过 7.5 万家不同档次的商店，出售着你在国外纪念品商店可以看到的所有东西。人们去度假，以为自己买到了当地独有的纪念品，但很可能来自这个市场。

我们花了很长时间试图在欧洲生产茵维斯啵啵，但原材料的专业程度及生产速度远远跟不上，没有人愿意去生产线焊接发圈。虽然也有例外：我们其他的一些产品是注塑成型的，这些产品可以用机器完成，工人不需要用手，所以可以在德国工厂生产。

我们探寻的前几家工厂都让人失望不已，有的使用的原材料不对 ①，有的生产条件达不到标准，还有的工厂负责人像梅一样试图搪塞我们。但我们没有放弃，因为我们知道中国市场是

---

① 我们的发圈使用一种叫作热塑性聚氨酯弹性体橡胶（TPU）的材料，加热后有特殊的属性。如果发圈被扯长了，你可以把它放入热水中，它会恢复成原来的形状，还有另一种材料叫作聚氨酯（PU），它在沸水中不具有收缩性能。

最适合我们的市场。

在公路之旅快结束的时候，我们了解到了哪些工厂是真正地在生产产品，哪些没有。像"月度最佳员工"的这种管理小细节让我们觉得这才是真正关心员工的制造商。

最后一天，我们走进了临汾的工厂，找到了我们的真命天子。这是一次梦幻般的经历。在遭遇了梅和假工厂事件，以及我们之前看到的糟糕的工作环境后，我们几乎以为要找不到生产工厂了。但当走进这家工厂的大门后，我们就立刻就坠入了"情网"。我们看到了茵维斯啵啵的袋子，上面贴着颜色和批次号，整整齐齐地堆放在一起，随时准备发走。我们非常谨慎，而且对他们所说的话持保留态度，但最终还是决定了直接从他们那里发起测试订单，结果没有令人失望。

霍普了解到那里所有的工人都有劳务合同，拿着一份合适的薪水，有良好的工作环境和休息区域。她确认了消防程序，找了一个人专门检查安全标准，这也是我们继续投入生产的工厂。现在我们有一个基层负责人，我们相信他能为我们打理好一切，他也知道我们喜欢真实，讨厌谎言。

下一个我们必须跨越的文化鸿沟也十分具有挑战性：那就是美国。

| 创业逻辑 |

	㉑当你面临国际业务中巨大的文化与生活差异时	1. 多做点准备，无论是饮食还是时间安排上 2. 一定程度上尽量尊重他国文化 3. 合理拒绝不适的要求
	㉒当合作伙伴一再逃避你的问题时	追根究底，直到找到问题的答案为止
	㉓当你需要寻找新的生产商家时	1. 实地考察必不可少 2. 确保合规合法

第十五章

直面层出不穷的灾难——

将工作和生活分开

创业关键词：干劲　爱

- ☑ ⑲工厂突然供货不足
- ☑ ⑳市场上出现了仿冒品
- ☑ ㉑欧洲与中国巨大的文化与生活差异
- ☑ ㉒工厂的回避与隐瞒
- ☑ ㉓寻找新的工厂
- ☑ ㉔着火的海运货品
- ☑ ㉕销量下降
- ☑ ㉖与创业合伙人分手

我学会了：

如果你要船运货物，一定要购买一份涵盖所有项目的保险；

打折是最坏的事；

将工作和个人生活分开。

货运船着火了

2015 年，我们创造了一个新的商业术语：灾难日（Disaster of the Day）。我们甚至为它设计了一个简写：D.O.D。尽管我们的工厂被台风摧毁，产品被多次剽窃，但这只是发生在我们身上种种坏事中的两件而已。

那年夏天，菲利克斯一直在劝我不要把茵维斯啵啵从中国工厂空运到慕尼黑的仓库，因为这花费巨大。然而，海运货物并没有那么简单。你可以只海运一个托盘，但这并不能节省多少钱。为了降低成本，大量货物必须通过海路运输。

茵维斯啵啵海运是一件让人头疼的事，因为它们要被困在船上长达八到十周，这对我们来说很棘手，我们正处于一个快速发展阶段，理发店和零售商都希望产品赶紧上架。当时我们接到了足够多的订单，可以装满半个船运集装箱的那种：40万袋三合一包装，总共120万根发圈。但是，船运简直是一场灾难。

那年我们生产了新的夏季颜色系列，它们需要尽快到达欧洲，这样就可以在夏天准时进入商店售卖，这也是我们半个集装箱里装载的东西。我们没有任何关于船只的精确定位更新，但我们知道它应该到达汉堡①的日期。收货日期到了又过去了，没有船只，也没有关于位置的通知。

终于有一天，霍普收到了一封电子邮件，标题是："货运船着火了，现在它在索马里海岸（Coast of Somalia）②被扣押了。"

这是一场灾难。

我们只知道这么多了。然后又收到了另一封邮件："因为担心燃烧后的有毒气体，我们暂时不能打开集装箱。"

再之后又收到一封邮件说："我们已经打开了集装箱，你的产品完好无损。"

---

① 汉堡（Hamburg）是德国三大州级市之一，德国第二大城市。
② 索马里联邦共和国位于非洲大陆最东部的索马里半岛，拥有非洲大陆最长的海岸线。

我们长舒了一口气！

最后一封："当你拿到产品时为了以防万一，你需要做一个毒性测试。"

这似乎合情合理。

货物送达后，霍普和我迅速赶到慕尼黑郊外的仓库。发圈显然不是完好无损的，部分包装融化，但最奇怪的是，有一些发圈仿佛人间蒸发了，这是我至今仍无法解释的。发圈不再是三合一，只剩下了一根半，而且这半根发圈还粘在包装的底部。大多数包装都被损毁了。

但我们是有保险的！我想，所以我查了一下保险。

保险范围不含火灾。

当然我们没有单独买火灾险，因为我们从没想过一艘船会着火。

我们不得不采取空运来弥补40万袋发圈零售价值约250万英镑的损失。再说一遍，这也是一个可能毁掉我们生意的大事故。但因为产品销量一直不错，所以公司还可以正常运转。这个案例说明即使在2015年，我们仍然是孩子，跟跟跄跄地想要做好生意。我们虽然稚嫩，但干劲满满，想要把茵维斯啵啵长期经营下去。

地区定价问题

在我们去中国处理生产环节的问题期间，我们意识到现有市场的销量会下降，经销商也告诉我们这是因为茵维斯啵啵只是一时的热度。我们一直都在新的国家开拓市场，以弥补与日俱减的销量，但是稳定绝不是我们的目标——增长是必需的。随着假货进入市场，我们也面临一些地区的定价问题。

零售商把产品放在货架上，他们来决定茵维斯啵啵的最终售价。产品制造商只能给出建议零售价（recommended retail price，RRP），但是零售商没有法律义务以这个价格销售商品。我们尽可能地与零售商谈判，以避免商品打折，因为一旦你开始打折，品牌就会被损害，商品会变成像其他发圈一样的廉价商品。

我们注意到，由丹麦特许经销商供货的零售商都不足够了解产品的真正价值，我们督促该经销商确保茵维斯啵啵以全价出售，但他仍然在打折。最后，我们不得不采取强硬手段，解除了合约。后来，这家经销商自己制造了仿冒品，并把产品卖给了其所在国家——丹麦的理发店。而我们则找了一家在芬兰的经销商，现在我们在芬兰的业务规模比丹麦更大了。

这是一种所谓的平衡：你在价格方面与经销商和零售商据理力争。如果你撤回合约，但商品仍然对他们很重要，你就要面临仿冒品的竞争风险。打折对品牌建设没有好处，特别是在亚马逊这样的平台售卖，情况会更加复杂。我想大多数制造商对亚马逊都是爱恨交加。（我在第十九章会提到亚马逊的更多细节。）

将工作和生活分开

2015年在遭遇中国工厂问题、船只着火、销量下降、仿冒品横行、打折风波的同时，另一个问题接踵而来。菲利克斯和我在公司是良好的合作伙伴，从一开始我们就一起合力经营茵维斯啵啵，一起阅读每一封邮件，两个人一起打包，几乎每时每刻都在一起建设品牌。从打包该死的托盘，到应对中国工厂遭遇的台风，再到处理灾难般的船运事故，我们有太多的共同经历。我们把所有的爱都倾注在茵维斯啵啵和彼此身上。

我需要应对菲利克斯的情绪。比如有一次，他非常生气，把手机的耳机扔到房间的另一边，摔成了碎片，然后我静静地把它们从毛茸茸的地毯里找出来，捡起来放回他的桌上。

菲利克斯知道我对品牌的直觉往往是正确的。尽管他觉得八种颜色太多了，他也同意将"糖果粉"和"晶莹剔透"茵维斯啵啵投入生产，他相信我的看法——它们能卖得出去。在那个落寞的午后，我独自一人在华威大学的图书馆里，情绪接近崩溃时，是他告诉我要振作起来，我感激他帮助我度过了人生中最艰难的时光。

现在，他会在 12 个小时里给我打 10 次电话，跟进与零售商的交易情况；不是因为他觉得我处理不了，而是因为他太在乎这个品牌了。相信我，他是一位出色的商人。

虽然我们有时会吵架，但是菲利克斯和我已经达成了共识：他负责财务和运营，我负责品牌和创意。我们都知道自己最擅长的业务领域，并彼此信任对方的能力。我们俩分工明确，双方在工作上都投入了太多时间，没有时间来维持我们的关系。我们从开始约会，到 2015 年已经在一起 7 年了。但是随着茵维斯啵啵的发展，我们之间的关系已经渐行渐远。我想我们都太专注于生意，忘记了"我们自己"。于是在慕尼黑某个阳光明媚的周日，菲利克斯来到我的公寓，我们决定分手。这对我们俩而言就像是个人意义上的 D.O.D，虽然彼此都很难过，但我们知道这是最好的结果。

一想到周一去办公室上班，要整天和菲利克斯待在一起，我就难以接受。我订了去西班牙的飞机，打算回家一个星期看望我妈妈。那年夏天我并没有计划休假，但那次探望的确成了我的假期。当我重新回到办公室时，菲利克斯还在度假——为期两周的假期。最终我们都回到了慕尼黑，我感到心情平复了很多。我们曾经讨论过是否分手意味着其中一人不得不退出公司，但我们在茵维斯啵啵中收获了太多快乐，谁也不愿放弃。我们决定，要足够成熟地继续共事下去。

到 2015 年，我们开始招聘员工（这件事本身就比较艰难），我们组建了一个大约20名员工的团队，从仓库经理到会计人员，再到帮助霍普管理生产团队的员工，以及一些营销人员。大家都知道我和菲利克斯是情侣，但我们并没有官方宣布分手。我们正在组建一个团队，最不希望的就是人们对我们或公司失去信心。

我们隐瞒了一段时间，但最终还是不可避免地曝光了。有一次我们出差，我在酒店大堂遇到了泽尔达，她问菲利克斯在哪里。

"我猜他在休息。"我耸耸肩。
"他不在你的房间吗？"她问道。

然后，硬币终于还是掉了下来。

"啊，你们已经不在一起了。"

我们分手已经六个月了，但仍在想方设法地保守秘密。人们经常问我们在约会期间和分手后是如何经营公司的，我认为我们的眼光应该放得更长远一些，将私人生活与工作分开。

我一直觉得匪夷所思的是，你的生活中曾经有人与你分享一切，包括一张床，然后突然之间你再也不和那个人说话。对我们来说，正是因为我们曾经的情侣关系，我们从无到有，创建了这个品牌和公司，这是美好的一段经历。而且这个生意很可能让我们受益一生。

创业逻辑

💬	㉔ 如果你有国际物流的生意	买全所有保险
💬	㉕ 当你的新产品市场销量开始下降时	1. 开拓新市场 2. 不要轻易使用折扣策略，它有伤品牌建设
💬	㉖ 当你的恋人刚好是你的同事时	做一个成熟的人，将私人生活与工作分开

第十六章

享受人生的高光时刻——

TEDx 演讲的宝贵经历

创业关键词：享受　相信

- ☑ ㉗首次演讲秀
- ☐ ㉘美国与中国巨大的文化与生活差异
- ☐ ㉙失败的市场开发，展会不再奏效
- ☐ ㉚专利被别人恶意申请
- ☐ ㉛企业成长六年以来没有创新产品
- ☐ ㉜来自大公司的报复
- ☐ ㉝难以记住的品牌名
- ☐ ㉞平台的突然下架
- ☐ ㉟出差时的身体不适

我学会了：

你可以用一种轻松愉快的方式来谈论商业；

找 8 岁小孩当观众，这是练习大型演讲的好方法；

对着墙壁大口呼吸是一些人准备演讲的方式。

TEDx 演讲抛来了橄榄枝

做 TEDx 演讲对我而言有点像是一颗从糖果堆里挑出来的软糖，等待着路人过来踩踏。

这是我的真实感觉。

2015 年 11 月，哥本哈根设计与技术学院（Copenhagen School of Design and Technology，KEA）将我列入了 TEDx 演讲名单。六个月前，他们发给了我一封简短的邮件，问我是否愿意做一次关于"茵维斯啵啵"的演讲，当时我并不确信他们是认真的。

TED（TED 代表技术、娱乐和设计，TEDx 是它的授权项目）演讲一般需要演讲人准备一场 10~18 分钟的演讲，而观众预期在离场时会了解到一些振奋人心的内容。这些演讲会被上传到 YouTube 上，并永远地留存下来。

一些世界顶级企业家和思想家都做过 TED 演讲，包括魔术师大卫·布莱恩（David Blaine），他揭露了自己屏住呼吸长达 17 分钟的秘密；教授布琳·布朗（Brene Brown）讨论了脆弱的力量；心理学家罗伯特·瓦尔丁格（Robert Waldinger）分享了让人幸福的秘诀。观看量最多的 TED 演讲是肯·罗宾逊（Ken Robinson）爵士的"学校教育会扼杀创造力吗"，这段视频已经被播放了 7 200 多万次。

大多数 TED 演讲的标题都会包含一些富有感染力的词汇和短语，比如"非比寻常""极限生产力"和"拯救世界"。他们的标题承诺"改变你的生活""培养无条件的自我价值感""永恒的减肥"。我的 TEDx 演讲题目是："我用 1 350 杯伏特加汤力换来了什么？"

题目的灵感来源于我们把喝酒的钱节省下来进行投资，而且这个题目似乎能够吸引人们对我的故事产生兴趣。

我以前没有做过像 TED 这样规模的公开演讲，我也没有录制过任何视频。我想在我的演讲中加入我在华威大学无数个夜晚喝得酩酊大醉的照片和表情包。我并没有想过要改变世界，我似乎并不怎么适合 TED 的风格。

在 TEDx 审题会上，面试我的人对这个题目似乎不太信任。但我知道人们能从我的演讲中收获三个重点，学生、首席执行官和公司创始人很容易记住这些简单的建议。之后我会详细展开这三点，但是在会议上，我唯一能告诉哥本哈根团队的就是他们应该对我有信心。

"请信任我。"我告诉他们。

"请相信我，我会站在舞台上，头脑不会一片空白。我会站上舞台，做我该做的事，这会是一场像样的演讲。"

为了说服他们，我不得不写下整篇演讲稿，这——在处理工作之余——花费了我三周的时间。24 小时内我收到了回复："我们正式欢迎您在 TEDx KEA 上做演讲。"

准备演讲

哇，我真的要去演讲了，我想。

然后我花了几个小时在镜子前检查我的肢体动作，和我爸爸一起练习演讲，并且在还在学校读书的八岁小朋友们面前演练。八岁的孩子们似乎挺喜欢的，所以我想还能有多糟糕呢？

演讲前几天，我独自一人来到哥本哈根做准备。

　　我喜欢提前至少 24 小时为我的演讲做好准备。这样我就可以确保在这之前的一整天我都拥有一个完全清醒的头脑。在哥本哈根，我很享受自己一个人住酒店，一个人吃晚饭，在耳机里听着黑眼豆豆乐队的歌徜徉在城市的大街小巷的时光。

　　在我演讲的前一天，我从酒店走路前往彩排现场。我拐了一个弯，映入眼帘的是我即将进行彩排的大厦。这个大厦被称为"黑钻石"（Black Diamond），是一座巨大的、闪亮的黑色玻璃盒子，这个盒子坐落在港口边，它就是丹麦皇家图书馆。这里保存着哲学家索伦·克尔凯郭尔（Soren Kierkegaard）的手稿，他可能是这个地球上最聪明的人之一。

　　我走了进去，发现礼堂本身也极其华丽。我想：这比我想象的奢华多了。

　　演讲当天早上，我坐在酒店的床上，大脑一片空白。唯一知道的事情就只有穿袜子。这是一只袜子，好的，它在我的脚上了。现在下一只，然后我在头发上扎了一根发圈，又把它取了下来。最后，我走去"黑钻石"，和我的父母、菲利克斯及其他人一起向礼堂后面走去。我观看了我之前的三个演讲，变得不再紧张了。

　　然后我什么也没说，缓步走到了后台。

　　有个家伙拿着几张 A4 纸的演讲稿翻来翻去。角落里有个男人正对着墙壁大声且用力地呼吸。"呼！"他呼出一口气。我旁边是一位正在化妆的女士，她正在和一位演讲教练（竟然还有教练？！）说话。教练说："然后你想说什么？那你打算怎么说？你现在感觉如何？我们需要更有力量！休息一下，静默三分钟。"

他们都有陪同人员。我一无所有。没有手机，没有纸质演讲稿，没有地方坐。一个后台的人走过来问我，我的陪同人员在哪里？陪同人员？我需要陪伴吗？

为了找点事情做，我翻阅了其他演讲的标题："如何避免食物浪费陷阱""如何将大数据货币化""赋予我未来女儿权力的宣言"。而我要讲的只是塑料发圈和我在大学期间可能喝过也可能没喝过的伏特加汤力。棒极了！

就在此时，我开始变得非常紧张。我看到几堆椅子靠墙叠放着，我找了一堆跳上去坐着。TEDx的化妆师走了过来，为我涂上粉底、睫毛膏和眼影。因为没有镜子，所以我甚至不知道我看起来还像不像自己。

当她打腮红的时候，我决定把演讲内容在脑子里过一遍。当我18岁的时候，我决定创办一家公……

"苏菲，下一个上台的是你。请过来，我们给你佩戴麦克风。"

舞台总监递给我一杯水，给我佩戴好麦克风，他告诉我舞台入口有三层阶梯，屏幕遥控器在舞台的桌上，我可以把水杯放在那里。

我听到她说的话，立刻回到了现实。我能做到的。

我能做到

我走上台阶，穿过舞台，把水放在桌上，拿起遥控器，站在那个大大的印着红色 TED 字母的区域。因为舞台灯光太明亮，我看不到任何人，但我听到了掌声。我开始发表演讲。

13 分半钟后，演讲结束，没有出现任何问题。我离开舞台时，掌声经久不息。我被带进一扇门，有人把麦克风取了下来，因为我穿着一件有巨大蝙蝠袖的套头衫，这个过程稍显复杂。我十分兴奋，我想立刻欢呼、拥抱家人、忘情地跳舞。

但我不得不等待。我必须等着，因为还有其他人演讲，我一个人站在"黑钻石"富丽堂皇的大堂里面。那里有一扇硕大的窗户可以用来俯瞰海滨，我发现外面下雪了。此刻四周一片寂静，这是我已经喧闹了好几个小时的大脑难得的冷静时间。

我看着外面的雪，门在我身后打开了，是我爸爸的朋友，他刚刚看了我的演讲。

他递了一杯我最喜欢的饮料——伏特加汤力。

创业逻辑

㉗ 当你第一次参加一个重量级演讲时

1. 用充足的证据证明自己的观点
2. 找听众试讲
3. 上台前创造环境，调整好心态

第十七章

爱拼才会赢——

敢想、创新、专利赋予品牌生命力

创业关键词：梦想　坚持

我学会了：

💡 美国人可能会说你很棒，但这可能并不是真的；

💡 创始人的身份意味着对自己的品牌会更加有真情实感；

💡 事实证明，螺旋发圈可以申请专利。

进军美国市场

每个人都说我们想进军美国的想法太疯狂。2014年，我们就开始讨论在美国销售茵维斯啵啵，我们想这么做，因为美国是一个庞大的市场，意味着巨大的商机。

但别人告诉我们这是一个糟糕的主意，因为这个品牌在外观和营销方面太欧洲化了，而且他们告诉我们美国人只和美国人打交道。

　　美国人口超过 3 亿，那里有世界上最大的大众零售商提供服务。美容美发产品在超市、高端百货商店、高档美容连锁店和专营店均有销售。接触它们的方法之一就是通过贸易展览会，特别是在拉斯维加斯举办的国际美容展，这是一个浓缩的博洛尼亚展会。

　　2015 年 7 月，我和菲利克斯参观完中国工厂后直接飞往洛杉矶，然后从那里再去拉斯维加斯，和从慕尼黑过来的达尼碰面。入住时，我们才发现三个人只订了一个房间，所以在富丽堂皇的拉斯维加斯酒店，我们必须共享一个大床房。我们很难知道外面是白天还是黑夜，因为即使是在夜晚这里仍是灯火通明，俨然白昼，巨大的楼房里彻夜人声鼎沸。这对于倒时差的我们并不友好，考虑到性别问题，最终我决定睡沙发上，他们一起睡床。

　　我来到卫生间照镜子。我对自己说：我是一个成熟的女性。我创立了一个成功的企业，这是茵维斯啵啵正式进入美国的时刻。耶！

　　镜子里的自己又是另一个故事。当时是凌晨五点。我是一个还在倒时差、满脸疲惫的公司创始人，刚经历了生意和人生的双重 D.O.D，而现在穿着一件假名牌 T 恤，不得不在沙发上将就一夜。我不知道产品能否成功进入美国市场，连我能否继续再站十分钟犹未可知，更别说展会上的整整十个小时。

　　我把男孩们叫醒，出发前往会展中心搭建展位。它和博洛尼亚展会很相似，只是规模较小，我们经常从别人那里得到相似的反应：成年人在哪里？

人们与我们交谈，他们的反应不是"太棒了""酷毙了"，就是"你们的品牌太不可思议了""你们太棒了"。三天后，我笑得脸疼。

美国人对茵维斯啵啵是如此感兴趣，想着他们赞不绝口的评价，我们怀着激动的心情回到了慕尼黑，心想：太好了，之后我们就可以高枕无忧，早点退休了。我们没有进行任何跟进，只是等待会面的请求源源不断地涌来。

但是没有任何后续。

结果证明这是我们参加的最不成功的一次贸易展。颗粒无收，一封邮件或电话都没有接到。

再次遇到仿冒者

因此，我们尝试了另一种方法。有人建议我们找一个美国合作伙伴，这样可以帮助我们推广产品，我们找到了一个似乎很合适的经销商，因为他有一群美发师客户，在社交媒体上非常活跃。

我们天真地以为可以直接发货给他，让他掌控局面，然后坐等发家致富。我们的想法被证明错得离谱。在与他合作的第一年，他只卖出了价值约 2.2 万美元（约 1.7 万英镑）的产品。
考虑到美国庞大的人口基数，这只是一个很小的数字。所以我
们开始提问，想要弄清楚到底怎么回事，然后发现他公司里没
有人真正负责茵维斯啵啵的业务。这只是其分销的众多产品之
一，因为他的专业领域是杂志和在线社区，并不完全了解如何
把产品销售给理发店。

所有程序运转得非常缓慢。我们发布了新产品或特别款后，
他需要花费几个月的时间才能让产品进入商店或理发店，最终
到达消费者手中。我们对正在发生的事情完全失去了控制，这
让我们所有人彻夜难眠。茵维斯啵啵并没有成功进入美国。

雪上加霜的是，在整个过程中，我们发现美国也出现了仿
冒品。我之前提到的假货主要出现在欧洲，我们也只在欧洲对
进口货品进行查扣检验，但在大西洋彼岸我们并没有采取任何
保护品牌的措施。

我经常上网搜索，想知道如果有人输入"茵维斯啵啵美国"
或"螺旋发圈美国"会出现什么。一开始，搜索结果的前排位
是售卖发圈的高端商店网站。但有一天，一个和茵维斯啵啵极
其相似的产品出现了，除了名字不同，它的包装和产品描述几
乎一模一样。

网址是 YouTube 的视频链接。我点开链接，一个我从未见
过的人正在贸易展展示螺旋发圈，自称他是这款革命性发圈的
缔造者，同时引导人们去访问一个美国的网址。他的展位上摆

满了各种颜色的发圈，一个模特正在演示把发圈扎在头发上，然后再把它扯下来，头发没有打结。

这款发圈已经拥有了自己的网站，网页和我们的产品非常相似。茵维斯啵啵是"无痕发圈"，该品牌自称是"没痕头绳"。

谁是幕后黑手？

没过多久，我们找到了创始人的名字，他的姓似乎有点熟悉。我打电话给正在旅行的菲利克斯。

"我可能又遇到了 D.O.D.。"我说。

我能听到他的笑声。我们早已习惯了灾难的出现，这些灾难也逐渐变得有趣起来。在处理了越来越多意想不到的事件后，猜想下一个是什么已然成了一个游戏。

"先别说。又是一个不能参保的天气事件？仿冒工厂？"菲利克斯说。

"这次不是。是一个美国冒牌货。"

菲利克斯叹了一口气，"谁？"

"美国有一个美发师碰巧发明了一款发圈，和茵维斯啵啵非常像，还声称不伤发。"

视频里的那个家伙是个油嘴滑舌的成年人，显然他很喜欢自己的声音，尤其是当他介绍我们的产品说明时。

"噢，我的天啊！"当我把视频链接发给菲利克斯时，他在电话那头说，"就像我们自己的品牌想要打入美国市场一样的说明！"

我挂了电话，又看了一遍视频，感觉自己快要爆炸了。这是一个全新的抄袭水平。又有一个游手好闲的成年人无事可做，只能依靠抄袭孩子的作品为生，然后把想法据为己有。我为他感到尴尬。

有些人甚至开始问我们茵维斯啵啵为什么抄袭这个品牌，我不得不解释我们品牌早在 2011 年就成立了。你得学会不要对假货过度焦虑，除非它们影响了你的销售。

这个品牌至今仍然存在，但并没有风靡起来，社交媒体上也没有很多粉丝。我认为这是一个典型的例子：有的人看到别人的产品，以为可以轻松地创造自己的版本，却没有意识到打造一个出色的产品和品牌首先需要费心费力不断地寻找新的经销商和零售商以扩大销售渠道，然后你还需要维持这些贸易关系。

一波三折的"美国梦"

在我们尝试涉足美国市场，却没有激起什么水花后，我们很快意识到，套用弗兰克·西纳特拉（Frank Sinatra）的话来说，如果我们想要成功，就必须付出巨大的努力。

尽管2015年很多方面都糟糕透顶，但也是在那一年，我终于第一次感觉到，茵维斯啵啵会一直存活下来。虽然我们的销售额一直停滞不前，但一旦我们解决了在中国的生产问题，我知道我们还可以持续增长。虽然2015年我们遇到了不少问题，但成交量翻了一倍多。据我估算，到那年年底，三分之一的德国女性都购买过茵维斯啵啵。

我们还聘请了霍普，她成了我们新产品开发的负责人，这是一个非常重要的职位。新产品的创意通常是由专家完成的，他们可能是在实验室工作的工程师或科学家，头脑聪明，痴迷科技。但我们发现雇用多面手更行之有效，因为他们通常会顾全大局，考虑公司的宏观目标。霍普加入后，菲利克斯和我也有时间做更长远的计划了，这也让我们变得更有条理。

我们的美国梦受挫了，但我仍然相信我们的产品在美国大有可为。

2015年年末，我们确实已经在美国几家规模较小的零售连锁店上架，但我们还有很多事情可以做。

我的脑海里回荡着那些人的声音，他们坚信我们在美国无法成功。我也仍然对美国的仿冒品气愤万分，但后来在2016年，去纽约参加贸易展的机会从天而降。霍普和我一同前去，这是一场奇妙的旅程，首先是因为我们在那里找到了新的包装供货

商，他们能帮助我们改善成本效率，其次是去纽约做生意的我
们，年仅 23 岁。

我们找朋友推荐酒店，他们建议在肉类包装区附近入住，
那里以前是停车场。周五夜晚在酒店屋顶泳池旁喝一杯玛格丽
特虽然舒服惬意，但酒店房间太小，几乎装不下我们两个人、
床（就是地板上的一张床垫）和两个手提箱。纽约酒店很少有
两张单人床，所以霍普和我共用一张双人床，行李箱堆在旁边，
每天晚上我们都得俯冲投弹式地上床，以免踢乱行李箱。而且
没有坐的地方，所以如果我们有一个人需要私人空间，另一个
人就得坐在马桶上。我们出差了很多次，每晚的住宿预算总是
固定为 200 美元，但在曼哈顿找一个在预算内的酒店房间并不
容易。事实上，我们花了 220 美元才在这家精品酒店订了这个
"迷你"房间，在整日的展会工作和彻夜的狂欢派对之余，我们
可以在那里稍作休息。

霍普和我体验了墨西哥式的生活，我们午餐吃玉米饼，买
了墨西哥毛毯，甚至计划在慕尼黑的家里尝试自己调制梅斯卡
尔（mezcal）鸡尾酒。这很有趣，因为我们在纽约的时候正好
是辛可迪梅优节（Cinco de Mayo），一个纪念墨西哥人在 1862 年
战胜法国人的大型节日。我们一直在寻找鳄梨酱。旅途过半的
一天晚上，我们乘出租车回酒店，路过了我们日思夜想的门店：
24 小时墨西哥肉卷。它就在那里，透过出租车的窗户向我们眨
眼，看起来万分诱人。

　　我们带着你能想象到的最夸张的下酒菜回到酒店，感觉还必须配点鳄梨酱。当时是凌晨 2 点，酒店的厨房关门了，但这是在纽约，墨西哥肉卷门店随时可以送货上门的地方。所以，酒店前台接通了它们的电话。

　　"你好，请给我来两份墨西哥肉卷，配上鳄梨酱。"我对着电话那头喊道（我们刚去过一家很吵闹的酒吧）。
　　"墨西哥肉卷，要什么样的？你想要鸡肉、牛肉、虾、蔬菜、豆腐、豆豉、猪肉、金枪鱼、鲈鱼、墨西哥米饭、黑豆、斑豆、烟熏豆、全脂奶酪、脱脂奶酪、酸奶油、辣椒、番茄、生洋葱……"那个人说道，美国人喜欢用单调的语气飞速地罗列几百种东西。
　　"鳄梨……"我正要说。

　　霍普抢过了电话。

　　"你好。我的名字是霍普。我们想要两份大号的墨西哥牛肉卷，配上鳄梨酱。明白了吗？"她用醉醺醺的英式口音说道。

　　回到楼上的房间，我们试图让自己清醒起来，准备尽情享受鳄梨酱的美味。然后有人敲门了。

"24 小时墨西哥肉卷。"一个男人的声音说道。

霍普和我互相推搡着，我抢过了那袋食物。

"一共 35 美元。"

我把我的银行卡递给他。

"对不起，女士，不能刷卡。我们只收现金。"
"我们可以明早付款吗？"
"不行，女士。"
"那我能把我的手机抵押给你作为担保吗？我们明天一早
就立刻过去付款。拜托啦！"霍普在我身后说。
"不行，女士。"

　　一个保安出现了，因为我们醉醺醺地在酒店走廊里大喊
大叫。

"出什么事了？"
"我们得付鳄梨酱的钱，但他不让刷卡。"我解释道。
　"好的，先生，我不得不请你带着这袋食物离开。"保安
对 24 小时墨西哥肉卷的员工说道。

霍普从我身边挤了出去。

"我们需要鳄梨酱！"

酒店前台出现了，就是为我们点餐的员工。他拿出钱包。

"多少钱？"

前台用自己的钱付款给了卖鳄梨酱的人。

因为我们房间太小，我们只能在床上吃价值 35 美元的鳄梨酱牛肉卷。于是我们俯冲到床上，趴下去，一只手拿着装着食物的纸板餐盘，另一只手把肉卷塞进嘴里。我们尽量睡在床的两边，以免鳄梨酱掉落在床上的羽绒被上。然后我们就睡着了，头几乎陷在鳄梨酱里。

第二天早上，我醒来的时候，枕头上明显有一大块绿色污渍，我的头旁边是一纸盒的玉米片。我们显然也完全忘记了为我们支付墨西哥肉卷的前台小伙（他提醒过我们）。我们只睡了三个小时，那一整个星期有点像大型狂欢：我们纵情在玛格丽特、鳄梨酱、星巴克大楼之间。

那也是我第一次在美国见记者。我们认识一家公关公司，他们把我介绍给了杂志编辑和作者，却没有告诉我他们想听什么。他们最终发表了不少对我们有利的评论文章，但就像大多数事情一样，我对它到底是怎么运作的一无所知。那时的我只会说："你好，我是苏菲。这是我们的茵维斯啵啵发圈，它不伤头发。"现在的我至少在见记者之前会了解他感兴趣的方面。

周末，我飞往芝加哥，与销售主管泽尔达，以及美国最大的发廊经销商之一会面。航班延误了，我在凌晨2点30分左右到达酒店，短暂休息了一下，5点30分起床去开会。我以为泽尔达已经计算过，清楚我们需要卖多少发圈给经销商，以及他们可能选购的发圈系列，但事实并非如此。所幸的是，芝加哥的交通很糟糕，所以我们有充足的时间准备产品展示的内容。

会面很成功，经销商同意在其10万家理发店的分销网内铺货。哇！！！感觉就像是我们已经开始征服美国了。（好吧，并不是10万家理发店都一定会购买茵维斯啵啵，但我们已经开始在美国掀起热潮了。）

然而，我们在美国还有更多的事情要做。正如我所说的，美国是世界上最大的一些零售商的所在地，这比我们在欧洲的零售平台更大。我是一个零售狂热分子，看到欧洲和美国商店之间的区别让我欣喜若狂。

在又一次去美国的旅途中，我决定去看看世界上最大的连锁杂货店之一，观察一下大多数美国人的日常需求，考察这是否是我们想要上架发圈的地方。这家零售店位于得克萨斯州一个小镇的郊区，当我开车驶入停车场时，我看到仅网上取货区就相当于普通欧洲超市的规模。商店为食品区、家居药品区分别设置了独立的入口。它有一个中心花园，顾客在那里可以更换轮胎。对了，商店里面还有一家汉堡王。

显然，里面的一切规模都巨大无比，远远超过欧洲。有一整条过道的两边都塞满了薯片。有大袋的变态辣奇多（Cheetos）粟米棒、火辣味奇多芝士棒，火辣味奇多干杯脆，酸辣味奇多和火辣味奇多粟米棒，甚至还有奇多和多力多滋（Doritos）的混合装。

大多数购物的人都推着满载食物和衣服的大号手推车，商店通道像足球场一样长。有一位坐在电动推车里的女士一边把啤酒码进她面前的货架里，嘴里一路咀嚼着她从货架上取下来的一大片面包。

我们想在美国做大做强，就不得不思考想要在哪些商店进行销售。这个商店给人的感觉有点过于大众化，我不确信是否适合我们，尤其是那些高档商店开始对发圈其他的销售点有所要求。

美国还有另一家大型零售商，我坚信我们的产品应该在那里上架：这是一家我们早就感兴趣的连锁药店。他们之前同意尝试一下，在收银台附近的柜子上放一些茵维斯啵啵，看顾客是否愿意多花几美元。这尚可接受，但显然我们更想茵维斯啵啵与其他发饰一样可以陈列在商店的主要区域。

这家连锁药店的总部看起来就像一个带窗户的大型多层停

车场，里面有一排又一排的独立隔间，就像呆伯特漫画①里的那样。每个员工有自己的隔间，周围都是布料墙板，可以看到他们不能在墙板上挂上照片或其他装饰物，所有的隔间都是统一的暗棕色。房间的外沿是重要人物的办公室。这些办公室没有窗户，由三面普通的墙壁和一面玻璃墙组成，透过玻璃墙可以看到里面成片的隔间。高层领导的办公室设有窗户，但它们是有色且磨砂的，这样可以遮挡阳光。这有点像拉斯维加斯，在这样的大楼里面我对时间毫无概念，因为我没办法真正看清外面。

我把茵维斯啵啵递给了发饰采购人员，这位中年女士坐在我的对面。我们在高层领导的办公室里商谈，桌上放着一杯唐恩都乐（Dunkin' Donuts）24盎司②冰茶（几乎有一瓶葡萄酒那么多）。我说话的时候，她面无表情地盯着我，时不时地用吸管喝着冰茶。

大多数时候，作为一个年轻的品牌创始人，我都会收到积极的反馈。零售商很少见到公司真正的品牌创始人，因为很多品牌并没有单独的创始人。大多品牌产品是由新产品开发团队和营销团队共同开发的，这些团队又将其交给销售团队管理。此外，品牌创始人往往会离开他们创办的公司，因为他们会及

---

① 呆伯特（Dilbert）是史考特·亚当斯（Scott Adams）的漫画与书籍系列，是一个讽刺职场现实的作品。
② 24盎司约为700毫升。

时采取退出战略，赚到钱后全身而退。

所以像此前一样，我热情地向这位女士介绍我们的品牌故事，讲述了我是如何因为头疼而创立了茵维斯啵啵，女性因为它不留痕迹有多么喜欢它，产品在欧洲卖得有多好，小巧玲珑的包装盒是如何可爱，以及我有多爱这个品牌，还有……

"亲爱的，你的热爱真是太可爱了，"她打断了我的话，"但给我讲一个在德国或英国的成功史并没有用。这里是美国。这里是不同的世界。我们销售各种各样的产品，你需要在这些产品中脱颖而出。你要求的零售价太高了。你的产品这么小。人们不会理解为什么它那么贵，我们的顾客永远不会买它们，除非是一时冲动。"

这位女士还告诉我，因为她有一定的利润要求，所以她不能上架茵维斯啵啵，这会降低公司发饰的平均利润。她为何可以如此确定呢？这让人沮丧不已。

说完后，她站了起来，一只手拿着她的冰茶，另一只手握了握我的手。然后我走出了办公室，回到了呆伯特的世界。

这是一记沉重的耳光。

但我们还有一次机会。我们要和"冲动型"买家的负责人见面，他的业务是说服购物者在离开药店的时候顺便带点其他东西回家。他要告诉我们测试结果如何。

他是一位男士，桌上也放着一大杯冰镇饮料。

"很抱歉，亲爱的，销售实在不怎么样。如果销量继续如
此，我们就要下架产品了，你们的产品销量排名很靠后。"

天哪。

我深吸了一口气，"你能告诉我我们的排名吗？"我问道。

"冲动型"买家的负责人拥有独立办公室，但那是一间有三
面墙的办公室，另一面可以看到隔间，比那位女士的办公室小
得多。他的办公室很窄，当他开始在电脑上调出我们的销售数
据时，我可以从侧面看到内容。

我侧身向前，盯着屏幕看了一秒钟，可以看到茵维斯啵啵
在列表中排名第三。第三！在你离开厕所前，你会在厕所滴一
点卫生间除臭剂，它们是用来防止你的厕所有异味的。茵维斯
啵啵只是在那些除臭剂的后面。

"但我们只是在除臭剂后面！"我辩驳道。

"我没有允许你看我的屏幕。这是秘密信息。"他吼道，
把他的大杯子放在桌子上，把屏幕移开。

我深吸了一口气。"我很抱歉。不过你可不可以在之后几个
月尝试把这个产品测试推广到其他店铺呢？"

他最终看在我如此坚持的情面上，同意了我的请求。我们
保留在了上架的清单中。几个月后，我们接到了高层领导办公

室那位女采购员的电话，她说她想正式采购。茵维斯啵啵现在在他们美国的上千家零售商店里销售，这是我们最大的一笔生意。

能够在美国大众市场连锁药店上架的确意义非凡，但是正如我之前说过的，很多品牌的问题在于如果在低端商店铺货，同时又在高端商场销售的话，后者会变得难以接受这个品牌。

我们的一个美国高端零售商就比较在意我们的所作所为。他们主要上架奢侈品牌，同时出售一些规模较小、风靡一时的潮牌，这些产品最多保留三年。这是对他们而言行之有效的策略，因为新鲜感会维持人们的兴奋感，让顾客再次购物。

产品在大型大众市场连锁药店上架后，我们需要让高端零售商知悉。所以，药店上架前几周，我们给他们发了一封邮件，告知此事。然后我们几乎立刻就收到了下面的回复邮件：

> 发件人：高端零售商采购员
>
> 收件人：我
>
> 发送日期：2016 年 12 月 7 日星期三，下午 2:15
>
> 主题：回复：上架更新
>
> **好的，我们会立刻下架我们所有商店里的茵维斯啵啵。**
>
> **请发送货物的收件地址。**
>
> **致敬。**

天哪。

我们没有预料到会是这种反应，我直接打电话过去。我们能为她的公司专门生产一个单独的系列吗？她会考虑一下吗？

"关键是，苏菲，我们没有上架过任何同样存在于大众市场商店的品牌产品，这不是我们的战略。"她说道，仅此而已。

我们搜索了他们的网站，想找到一点东西，任何他们售卖的在大众商店也能找到的产品。

直发夹板！在他们的网站上有一个品牌的夹板，你也可以在任何其他地方买到，而且它们的品牌名称和类型都是完全相同的。我给她回了电话。

"不，这不可能。这不是我们的做事方式。"她说。

"但是我在另一个网站上看到了一模一样的直发夹板。"我抗议道。

"好吧，如果是这样，我立刻把那些直发夹板从店里撤下来。"她说完就挂了电话。

她很生气，但至少我们尝试过了。之前已经和高端零售商有过愉快的合作，现在我们决定是时候关注大众营销了。如果我们能在之前的那家连锁药店上架，那么我们就有希望打开通往其他商店的大门。

大约一个月后，我们惊讶地收到了来自这个高端零售商的电子邮件订单。一定是弄错了。我又给采购商打了电话。

"我想确认一下。我们收到了订单，但我想我们可能没办法履行，因为你们已经把我们的产品下架了。"我说。

"不是的，请跟进订单。我们能开一个会吗？讲讲你的新想法。"她说。

太好了！天啊，但我们只有几周的时间来构思出新的想法。在那之前，我们的新产品开发仅在原版茵维斯啵啵的基础上设计新颜色，并没有改变过它的大小和形状。我们怎么做才能让为高端零售商提供的产品与其他产品完全不同呢？

创新成就品牌生命力

在经历了种种灾难后，我们收获了创新——一种所有成长中的品牌都必须拥有的能力。

在茵维斯啵啵问世的前三年，我们依赖的是新产品自身的属性，人们了解并喜欢它。当我们获得更好的分销渠道，并在新市场上市时，市场也加深了人们对茵维斯啵啵的了解。

我们也曾做出创举，一年推出了多次特别款。它们都是限量版，在 2015 年的夏天，我们开发了我最喜爱的一个系列，名为"野生耳语"（Wild Whisper）的非洲草原主题。我们推出了一款奶油色的发圈，包装盒上有一只狮子，它被称为"丛林女王"（Queen of the Jungle）；一款被称为"奇丽火烈鸟"（Fancy Flamingo）的珊瑚色发圈；一款丽莎钟爱的被称为"再见鳄鱼"（C U Later Alligator）的绿色发圈；以及一款叫作"海市蜃楼"（Fata Morgana）（一种光学效应）的灰蓝色发圈。

我喜欢的另一个系列是"曲奇饼狂热"（Cookie Dough craving）。我们成功地将烘烤曲奇的香味注入茵维斯啵啵中，并且用一天的时间承包了整条饼干包装生产线，所以连我们的包装都是原汁原味的。

人们在商店浏览发饰区时，他们通常只花很少的时间——准确地说，三秒。因此，我们有三秒的时间来说服别人选择我们的发圈，而不是零售商自营品牌或是弹性发圈，这就是为什么茵维斯啵啵必须拥有与众不同的外观。我一直想要让包装像糖果一样可爱，因为糖果总是五颜六色的，看起来很诱人，往往会让人冲动消费。

但是，尽管特别款的发圈销售火爆，我们自知还需要继续创新。发型师和社交媒体上的用户给出了一些反馈，他们想要更厚的发圈，这样在锻炼的时候也能固定在头发上。同时，他们也想要尺寸更小的发圈，这样能够用于绑辫子的末端。所以我们在2016年推出了"强力"和"微型"系列，作为原版茵维斯啵啵的姐妹款发布。显然，你必须让人们清楚地知道它们的使用场景，所以茵维斯啵啵"强力"被描述为"强力夹发发圈", 包装上有两个小图标, 一个是浓密秀发的人, 另一个是运动型的人。

我们现在必须为美国高端零售商创造特别款, 但时间所剩无几。这款产品需要与众不同, 而且要比原版茵维斯啵啵更奢华, 所以我们想到了"纤细"款的概念, 它看起来会比原版更加精致, 也会更加时尚。材料的直径比原版更短, 线圈更多, 我们把演示文档整合好了, 通过电子邮箱发送给了采购部门。

为了让"纤细"款更加特别, 我们提议使用类似金属的颜色——"与我铜美""金光宝气"及"甜美铬性"。我们的想法是让发圈看起来更像一串珠宝, 人们愿意把它戴在手腕上。

几周后, 我们出售的所有原版茵维斯啵啵被退还回来, 但随后又收到了一封新邮件。

那位采购商想要购买价值十万美元(约 78 000 英镑)的茵维斯啵啵"纤细"款, 数额巨大。我们估计两到三个月后会售罄, 但仅仅六周后我们就接到了下一个订单。"纤细"款成功了。

专利的重要性

和茵维斯啵啵(及大多数初创企业)以往的经历一样, 这个过程再次好坏参半。2016 年, 茵维斯啵啵碰到了一件无法预见的糟心事。

在美国, 有人成功地申请了螺旋发圈的专利。

尽管之前有很多法律人士告诉你，你不能为已经被普遍使用的形状（比如电话线）申请专利，但事实证明还是有人找到了申请的方法。在我们劳心费力地在美国美容用品零售商铺里成功上架之后，2016 年年底我们开始收到勒令停止的信件。他是在我们创立茵维斯啵啵几年后才申请的专利，纯粹是机会主义者，此人之前也一直努力寻找可以申请专利的产品，就是为了起诉那些原创产品的公司。

我之前说过，如果有任何法律问题，商店是不会销售你的产品的。这个人一直在联系我们的零售商，说他拥有专利，而我们的产品本质上已经侵权了。因此，零售商开始将茵维斯啵啵撤架。在之后的大约一个星期的时间里，我每天都会收到这样的邮件：

发件人：中央法律团队

收件人：我

发送日期：2016 年 12 月 10 日星期六，下午 2:15

主题：暂停产品通知

这是自动生成的通知，以下产品将被退回给卖方。

茵维斯啵啵经典款"纯黑"

茵维斯啵啵经典款"晶莹剔透"

茵维斯啵啵经典款"椒盐棕"

> 茵维斯啵啵经典款"生存还是裸着"
>
> 茵维斯啵啵经典款"绯红时分"
>
> 茵维斯啵啵经典款"薄荷绿"
>
> 茵维斯啵啵"强力"款"纯黑"
>
> 茵维斯啵啵"强力"款"晶莹剔透"
>
> 茵维斯啵啵"强力"款"椒盐棕"
>
> 茵维斯啵啵"强力"款"生存还是裸着"
>
> 邮件无须回复。
>
> 邮箱未被监控。

长话短说，我们和那家伙进行了激烈的对峙。随着圣诞节的到来，这场争执变得愈发猛烈。在大约三周的时间里，我每天醒来都会看到好几封来自全美各地零售商自动生成的可怕的邮件。有时我们知道会收到邮件，是因为我们的联系人打过电话，而有时则是出乎意料的。这个人有预谋地让律师把这些噩梦般的勒令停止的信件寄给我们辛苦争取到合作的零售商，他们会立即联系我们，告诉我们他们会撤下我们的产品。这就像是有人按下了红色警报器，喇叭里不断播放着语音，让商店陷入了恐慌。

由于时差，我不得不熬夜与零售商通话，有时甚至聊到深夜，竭力说服他们至少让茵维斯啵啵再多在货架上保留一个星期，这段时间内我们会想办法解决法律上的问题。

有时候我可能正和一个零售商打电话，然后就收到另一封电子邮件，来自那个人的律师的电话又打过来了，我就不得不切换过去。每多打一个电话，我就会更生气。这个人好像用手掐住了我的脖子，把我推到墙上，向我要钱；不然的话，他寄给零售商的律师函会更加骇人听闻。

到年底我们歇业的时候，这件事仍然没有解决。我飞回瑞士陪伴家人。霍普回到了英国的家里，菲利克斯、达尼和尼基跑去了德国的一座山里旅游。但我们不能把这件事拖到明年。我们需要快速解决这个问题，否则所有美国零售商都会下架我们的产品。

我、男人们、零售商和那个律师之间的邮件、短信和电话在那几天接连不断。这个人利用了法律上的漏洞，我不可能再给他钱。我们的律师穷尽一切办法想让他别再纠缠我们，可我们发现最后还是不得不赔钱。平安夜的夜晚，我没有和家人一起吃晚饭，而是和他的美国律师团队通话，一直沟通到晚上 11 点。"我们明天再跟你联系。"他的一名律师团队成员说道。我挂了电话，他们想要尽可能地制造混乱和痛苦。明天就是圣诞节了！他们怎么可以这样？

圣诞节当天的清晨戛然而逝。由于八小时的时差，我的手机直到午饭后才响起来。他们最终接受了提议。我们付了钱，让他停止纠缠。这样我们就可以专注于更重要的一面：打造品牌。我尽情庆祝，但这绝对是我经营公司以来最糟糕的时刻之一。

只看茵维斯啵啵，你永远不知道这些小巧可爱的发圈被投入了多少爱和热情。我有一些有着固定工作的朋友，他们跟我说自己厌倦了工作的地方，羡慕我能自己当创始人，他们也想要随时度假，随时上班，不需要任何人通知，生活得有滋有味。很多人对我说过这些话，但我认为他们并不理解创立自己的公司并大获成功需要付出什么代价。

创业就像做蛋糕

有时候，人们以为创立自己的企业像是做一块蛋糕：你决定要做什么样的创作，只需找到最好的原料，把它们精心混合在一起再进行烘焙。然后你坐在一旁，什么都不用做，直到它在烤箱里发酵，再接着把它好好装饰一番，切分出来给人们享用。如此一来，你就能获得可观的利润；而且双喜临门，惊喜来了——蛋糕继续自己完成烘焙工作，你只需要在余生里看着钱滚滚而来。

现实却是这样的。

步骤 1：决定烘焙新式蛋糕。

步骤 2：学会无视那些认为这个想法很糟糕或是认为新式蛋糕令人恶心的人。

步骤 3：不管怎样，勇往直前，去寻找原料。

步骤 4：六周后收到原料，没有一个是你要的。

步骤 5：使用质量平平的烤箱，使用另一个语言的食谱。

步骤 6：守着蛋糕烤到凌晨 1 点，同时尽量避免自己达到焦虑曲线的峰值。

步骤 7：在蛋糕做好之前，让步骤 2 的人尝一尝，告诉他们蛋糕有多好吃。他们仍没被说服，对你冷嘲热讽。

步骤 8：凌晨 4 点起床，从烤箱中取出蛋糕，放在烤架上冷却。它摇摇晃晃，颜色奇特，气味怪异，但它潜力无穷。

步骤 9：重复步骤 3 到步骤 8，直到做出完美的蛋糕。

这是简化的版本。我还可以加上以下步骤。

步骤 10：烤箱爆炸了，毁了你的厨房。你耗费大量时间寻找新的厨房。损失数万英镑。

步骤 11：发现其他人在模仿你的蛋糕创意。你耗费大量时间和金钱试图让他们停止。

步骤 12：原料供应商欺诈，你将其告上法庭。损失数百万英镑。

步骤 13：人们开始喜欢你的蛋糕。但他们总是抱怨，他们想要少花很多钱，而且想要定制的口味，还希望你不要把定制口味卖给其他人。他们真的什么都想要。

步骤 14：你用你的一生完善食谱，寻找理想的烤箱，与蛋糕销售商保持联系，做出新的口味，准确把握烘焙的时间，不断试验新的蛋糕装饰，检查没有人在抄袭你的蛋糕。最重要的是，确保你的蛋糕从第一天开始，你就在用始终如一的爱来烘焙、装饰、销售和食用。不断的重复令你作呕。

不要误会我。我热爱茵维斯啵啵，我也钟爱我自己的生意。但是如果你想开始自己的事业，你就得现实一点。这真的不像烤蛋糕。这就像你有了自己的孩子，你总是把他们放在第一位。在创业初期尤其如此，你需要在业务和产品刚起步时就爱护和培育它们。这是充满乐趣的，但这个过程也包括去往人迹罕至的地方，为了保持业务正常运转，你需要凌晨四点起床，或者凌晨四点睡觉。

时差会对你的身体造成损害，总是不在家也会影响你的人际关系。拥有自己的事业可能意味着合伙人、家人和朋友对你而言不再是最重要的。对我来说，这是可以接受的，因为茵维斯啵啵赋予了我生命的意义，激励我继续前进。这就是我们到现在仍然坚守的原因。诚然，我们也拥有美好的记忆，但我们其余80%的时间都是在处理那些支离破碎、一片狼藉。

我们需要投入大量的爱和精力去度过纠纷、火灾、假工厂和所有等待处理的D.O.D。与产生专利纠纷的那个人度过的圣诞节，无疑是焦虑曲线达到顶峰的时刻之一，我在顶峰苦苦挣扎了一段时间，最终才回归平静。

｜ 创业逻辑 ｜

㉘ 当你面临国际业务中巨大的文化与生活差异时，还要记得	1. 安排好住宿问题 2. 确保自己了解这个国家的市场运作方式
㉙ 当你发现原有的市场开发方式不再管用时	1. 雇用负责新市场的专人 2. 使用公关的力量宣传 3. 寻找其他渠道，利用创新能力为不同渠道打造独特的系列
㉚ 面临专利纠纷时	可以考虑为了市场先通过赔偿协商解决

第十八章

不给自己留退路才能激发潜能——

品牌进入快速发展期

创业关键词：**坚定　谨慎**

- ☑ ㉗首次演讲秀
- ☑ ㉘美国与中国巨大的文化与生活差异
- ☑ ㉙失败的市场开发，展会不再奏效
- ☑ ㉚专利被别人恶意申请
- ☑ ㉛企业成长六年以来没有创新产品
- ☑ ㉜来自大公司的报复
- ☑ ㉝难以记住的品牌名
- ☐ ㉞平台的突然下架
- ☐ ㉟出差时的身体不适

我学会了：

没有退出战略意味着你可以从长远考虑什么对你的品牌最有利；

在与大公司较量之前要三思；

如果人们对你的品牌名称感到困惑，你可以乐观地看待这件事。

没有退出战略

2016 年，菲利克斯和我入选了"福布斯欧洲 30 位 30 岁以下零售电商行业精英"榜单。《福布斯》是美国备受推崇的商业杂志，每年都会发布各种榜单，从世界上最富有的人到全球最有价值的足球队，不一而足。工作人员会仔细从一长串提名名单中进行筛选，咨询专家意见后确定"福布斯欧洲 30 位 30 岁

以下零售电商行业精英"名单，他们是为欧洲大陆带来创意的
年轻人。上榜是无比光荣的，这意味着我们可以出席特殊的活
动，认识其他年轻的企业家，同时这也提高了茵维斯啵啵的知
名度。

但当我们与名单上的其他创始人见面时，谈话内容往往非
常相似。

"所以，你们是从哪里筹集资金的？"

"我们是自筹资金。"菲利克斯或我会说。

"如何做到的？"

"我们做了几个季度的滑雪教练，省出了 4 000 美元，这
些钱都花在了生产上。"

"那你们是怎么发展业务的？"

"我们从一开始就是盈利的，我们只是将这些利润进行再
投资。"

"你们的退出战略是什么？"

"我们没有。"

"哦。"

很多创业者，尤其是科技初创企业的创业者，会过于依赖
他们获得的投资，以及提供这笔资金的投资人。但如果你去引
资，就意味着你要贡献出大部分的股权，在某种程度上，你要

对投资者负责。对于那些需要投资者提供专业知识的企业来说，这或许是一个好方法，但一直以来我们都更喜欢自己去探索，在困难中不断学习。

企业家也经常关注退出战略——他们已经规划好什么时候出售自己的企业。他们要么想卖一大笔钱，然后继续做下一件事，或者他们和投资人或收购者签署协议，继续担任一段时间的总经理，一切顺利的话，最终挣钱走人。如果你制定了退出战略，这就说明你的目标是让业务尽可能赚更多的钱。

这对市场营销是有影响的。例如，这可能会诱使你在大规模打折促销上大费周章，这在短期内或许能促进销售额，但并不利于长久的品牌健康和盈利。又或者，你会选择极快速地推出新产品，向潜在的买家展示货品种类的丰富性。

由于我们不打算出售茵维斯啵啵，所以我们可以考虑更长远的问题，而不是根据它在短期内的盈利情况做决定。

企业越来越"像样"

2016年，我们总共卖出了3 600万根茵维斯啵啵。我们已在全球70个国家销售，并且成功通过零售商和上千万家店铺进军美国，这还仅仅是螺旋发圈这个产品的市场。我们成绩斐然，跻身福布斯榜单是一项了不起的荣誉，但良好的销售成绩和媒体报道并不代表我们没有进步的空间。当时我们尚未推出任何全新的产品，公司就能发展到这个程度，这是十分幸运的。

直到 2016 年年中，我们聘请了一位临时的首席财务官来帮我们做增长预测和预算，我们才开始真正地像公司一样运作。在那之前，我觉得我们的运营有点像是小孩子在工艺美术课上做拼贴画，在这里粘一点亮片，在那里粘一点其他好看的材料，然后从远处看着它说："哇，这看起来太漂亮了！"我们在外面找了一家会计公司帮我们记账，我们之前就清楚自己是盈利的，但现在到了必须根据事实和数字做决定的时候了。我们需要从儿童的拼贴画尝试进化为艺术生的学位展水平（我不认为我们有任何地方接近艺术画廊的水准——到目前为止）。

2017 年，我们搬进了更宽敞的办公室，我们终于感觉自己是在经营一家企业的成年人了。我们已经成长了，不再适合在酒吧旁边办公。我们的人员规模扩大到需要有员工坐在走廊尽头的临时办公桌前，尼基的法国斗牛犬还会在办公室里跑来跑去。我们仍需要更大的办公场所，至少让这条狗有更大的活动空间。我们最终搬进了慕尼黑的一座两层的新办公楼，将团队分为营销部、研发部、财务部和人力资源部。新旗和茵维斯啵啵合作伙伴：菲利克斯、达尼、尼基和我可以一起坐在一个大房间里，真正专注于茵维斯啵啵的前景——成为世界上最受欢迎的发饰品牌。

在这个时候，我也开始思考自己的角色。我是茵维斯啵啵的联合创始人，但我也是首席执行官吗？我在谷歌输入：

"首席执行官要做什么？"

谷歌的答案是：

首席执行官（CEO）是公司中级别最高的管理者，他的主要职责包括制定公司的重大决策，管理公司的整体运营和资源，负责董事会与公司之间的沟通，并且代表公司的公众形象。

这并不是我为茵维斯啵啵做的事情，也不是我想做的。我擅长做决定，但不喜欢管理运营。我喜欢大胆思考，创造更多的想法，继续讲述茵维斯啵啵的故事。但在传统的公司组织架构上，创始人没有固定的位置。创始人很容易提前退场，这导致很多公司并没有由创始人运营。

但如果你的公司没有创始人，只有首席执行官，你可能会失去让公司或产品与众不同的"亮片"或者"魔力"，而这些是公司发展的精髓所在。

于是我在谷歌上搜索："创始人是做什么的？"（英文 founder 既有创始人的含义，也有浇铸工的含义。）

答案包括：

浇铸工指炼钢的人；同理，公司的创始人是打造新的实体的人。

创始人的基本角色是艺术家。

我想我的角色介于两者之间，而我最大的责任是维护茵维

斯啵啵品牌的权益。就好像我把它当作真人一样对待。我不仅
关心他需要的食物和水，我还在乎他是否开心。他现在在哪里，
他想去哪里？他应该和谁产生联系？我会思考如何运营企业，
但更会考虑茵维斯啵啵在消费者心中的形象，我想让同事们相
信我所坚信的事情。如果你能做到这一点，那么你就能让人们
与你一起工作，他们会受到激励，为维护品牌权益最大化而奋
斗。产品和架构是实际存在的，但品牌更多的是一种感觉。它
无法定义，难以触碰，也了无痕迹，但你可以相信它。如果你
不相信，它就不会存在。

　　如果你想自己打造一个发饰品牌，你需要不止一种产品。
因此，2017 年我们开发了第一款真正意义上的新产品，这对于
一个正在努力发展的新公司而言是非常滞后的，幸运的是彼时
一些大型企业还没有攻占发饰市场。在我们参观了中国的金属
发夹工厂，看到了它们是如何大规模生产之后，我认为如果能
对发饰做出某种创新，那将意义非凡，因为在此之前没有人尝
试过。

　　我们需要把茵维斯啵啵的准则同样用在发夹上，那就是它
们不留痕，也不会让你头疼。换句话说，我们的发夹是不伤
发的。

　　我们开始清楚地认识到，一块塑料即可，因为这样既不会
钩住头发，也让我们的发夹不会像金属发夹那样容易变形。我
们招聘了一名设计师，我与公司的研发和营销团队一起工作，

向他阐述我们认为可行的东西。

开发"波纹"系列发夹更多的是依靠直觉，而不是数字。如果你搜索"发夹"，你会看到多数发夹都有四或五类金属底座中的一种，上面搭配不同的装饰，或者还有那种紧抓头发的塑料爪式发夹。几乎没有透明发夹。

向一位留着短发的男性产品设计师解释这一切令人啼笑皆非，而且我还做了很多演示。这有点像 2011 年 12 月，我第一次把电话线扎在头发上，练习各种甩头、摇头晃脑的动作，唯一的不同是上次我没有戴金属发夹。我这次要把金属发夹别进头发里，这通常伴随着一声惨叫（有些发夹很粗糙），然后让设计师试着把它从我的头发上取下来，戴到别人的头发上。

几天下来，办公室里的几位女士佩戴过很多个金属夹子，用来测试它们是如何在头发上留下痕迹的，一些男性也会尝试佩戴。我们的办公室一度变成了发夹博物馆。

除了聘请内部设计师，我们还在产品开发部摆放了许多设备。其中有一款虚拟现实设备，我们用来了解"波纹"系列发夹和其他新产品戴在头发上的情况；办公室设置了工艺区，我们用来创建实物模型；我还购置了 3D 打印机，用来打印我们的初稿。

普通的发夹是通过在发夹的两边施加压力来固定头发的，我们知道这对我们来说不管用。为了确保新发夹不会留下痕迹，我们知道它需要和发圈一样，让压力均匀地分布在头发上。我

们所创造的"波纹"系列发夹一端是三维螺旋状，就像你看到
的 DNA 图片，这意味着发夹很牢固，而且也不会留痕。另一端
是弯曲的，它很贴合头部的形状，"波纹"系列发夹的上端可以
钩住下端，以此闭合。没有铰链，也没有金属。它全身都很光
滑，因为它是由一块塑料制成的。这也同时表示它可以用模具
制作，全程用机器生产，不需要手工加工。因此，"波纹"系列
发夹在欧洲生产性价比很高。

　　我们研究了各种方案，既希望给员工支付合适的薪水，又
希望节约成本，同时满足两者的方案很难找到。后来我们发现
了监狱的劳动力。在德国的大部分地区，囚犯都被要求工作，
而且还能得到报酬。不同的监狱提供不同种类的工作，包装
"波纹"系列发夹的工作适合德国的几所监狱。囚犯可以晋升，
把挣来的钱花在购买香烟或咖啡之类的小物品上，而且工作通
常是让囚犯重新融入社会直到刑满释放的方法。我认为一个人
入狱背后的原因非常复杂。事实也的确证明，人们如果在狱中
能够劳作，他们获释后能更好地融入社区。

　　然而，与监狱合作并没有那么容易，我们必须深思熟虑。
在一次探访中，我发现其中一位囚犯来自秘鲁，我开始用西班
牙语和他交谈，但是很快被一名狱警打断。我明白了最好不要
打扰生产线的工人。这款"波纹"系列发夹是自茵维斯啵啵经
典款诞生后我们做的最重大的创新，从构思到生产共花费了 18
个月的时间。在我们这个行业中，拥有一个内部设计团队是不

太寻常的，但对我们来说，这合乎情理，因为它能提升我们的效率。现在我们创造新产品的速度快多了，不过"波纹"系列发夹是我们除螺旋发圈外的第一个新品，所以我们花了一些时间把它做好。给它命名很容易，因为它看起来是波浪形状的。

公司内部的销售团队预测新品上市后前三个月仅能卖出大约 20 000 袋三合一"波纹"系列发夹，鉴于我们的产品将销往全球 80 000 家商店，这个数量是非常少的。尽管如此，我们还是决定碰碰运气，生产了 30 000 袋，这一般是商店三个月左右的销售量。

结果 30 000 袋在两周内全部售罄。人们追捧它的原因和我们希望的一样：它和其他发夹不一样，使用方便，而且不会损伤头发。

如此迅速的销售一空的感觉美妙至极，但这意味着我们在开始新一轮生产之前没有库存了，要花费数月才会有更多的"波纹"系列发夹运往商店。而且紧接着又出现了一个问题。顾客开始抱怨"波纹"系列发夹容易坏。

我们在社交媒体平台上收到了反馈，总部也收到了邮件，人们纷纷把发夹退回了商店，零售商立即联系了我们。我们意识到发夹的一端在闭合的时候有问题。

尽管我们使用的聚碳酸酯非常牢固，但我们把它做成波浪形状后，它就变得脆弱了。我们在几周内通过调整原材料解决了这个问题，但销量因此受挫。每当看到有人在网上评论区提出"波纹"系列发夹出问题时，我们都会回复他们说，我们非常开心推出新产品，但也意识到了其中的问题，现问题已得到解决。我们并不是唯一一家推出过不完美的产品的公司，因为现在问题已经解决，我希望大家会原谅我们，不计前嫌。

假如我们此前选择先在一两个国家做一下实验，看看销售情况，我们是可以避免这种状况的。如果它反响不错，我们就可以继续大量订购生产。但我们总是想用首个创新产品震撼世界，我们相信，人们已经知道茵维斯啵啵发圈，所以他们认可这个品牌，并准备好去接受新的产品。人们的确已经准备好了接受"波纹"系列发夹，但我们却尝试了两次才把它做好。

我们付出了沉重的代价，吸取了法律方面的教训。这个代价非常沉重。于是当我们发现发圈的螺旋形状可以申请专利时，我们立马在世界某些国家申请了部分产品的形状专利。其中一个产品就是"微型"（Nano）系列发圈。

在一个周五的晚上，我在我最喜欢的一家德国超市闲逛，突然发现收银台附近的一个大箱子里堆着一些可爱的小方盒子。我走近一看，糟糕地看到，是茵维斯啵啵的仿冒品。这是我们申请了专利的产品。这一次，我们走在了法律的前面，可以维护我们的正当权益。

周一早上，我请法律专员（几年前假货开始横行时，我们雇用了一位内部法律助理）草拟了一份寄给连锁超市的勒令停止通知函，告知他们超市正在售卖我们产品的仿冒品，他们必须将其从货架上撤下来。

这家连锁超市没有中央配送中心，所以公司不得不去一一回收每家商店里的假货，这将是一个庞大的工程。因为它有几千家连锁商店。自食其果！

通知函发挥了作用，产品被撤下了架，但是我过于自负了。当时我不知道制造茵维斯啵啵仿冒品的是一家大公司，他们有很多钱可以砸在律师身上。

在我们向超市发出通知函一周后，一家销售茵维斯啵啵的德国高端零售商联系了我们，称他们收到了一封勒令停止通知函，要求停止销售我们的产品。当然，这封信来自那个仿冒品的公司。

我们发现，那家公司把茵维斯啵啵交给了一个法律团队，检查我们在包装上的说明是否符合法律规定，他们找到了可以用来对付我们的一点："环保色"曾经是我们的产品说明之一，我们把它放在包装上是因为梅之前向我们保证这些颜色是环保的。我们曾经无数次地要求她找工厂出具证书来证明这一点，但就像其他许多东西一样，她从来没有给过我们。那个造假的人称这是不公平竞争，因为他说环保色是错误的产品说明。

我们在生意上的天真烂漫有时会有帮助——因为我们对"规则"一无所知，有理由我行我素——但这一次，无知给了我们沉重的一击。许多其他欧洲零售商也收到了类似的来信，开始与我们联系。突然间，我们所有的产品又一次下架——这次是在欧洲。解决问题的时间极其有限。如果你不立刻解决，零售商将永远对你关上大门，以后再也不会与你合作了。

其中一家面向大众市场的德国零售商很是仗义，对我们表示理解。而另一家高端连锁药店把产品撤下货架长达两个月左右。

对我来说，这又是一个极其可怕的时刻，我整个人开始变得忧心忡忡。每次发生这样的事情，我就会重新开启焦虑曲线，在曲线的峰值处盘旋，直到问题看起来都解决了。我焦虑的不仅是品牌，还有我们当时一起共事的员工，以及租金等日常开支。在一个庞大而糟糕的商业世界里，经营一个小微企业的小品牌困难重重。

我们从这个造假的人那里学到的是，不要在没有确保自己无懈可击的情况下就开枪。当然，对手不得不承担从所有德国超市下架的代价，但是对比起来，他对我们所做的对我们而言后果要严重得多。最后，我们不得不签订一份协议，让他继续销售他的产品；否则，他会找到其他方法对付我们。

如今，我们已经准备了厚厚的法律文书，在法律上支撑我们所有的产品说明，以及为什么茵维斯啵啵不同于其他发圈。但这耗费了很长时间（和很多成本）才步入正轨。不幸的是，我的一些商业经历让我不再那么信任别人。我总觉得别人或许有不好的企图，我并不想有这种感受，但在受过太多伤害之后，我现在更加谨慎了。

人们有时提及创业，仿佛在谈论童话故事，但事实并非如此。你经历了很多泥泞，但你还是得继续坚持，永不放弃。并不是你创立了公司之后，就能高枕无忧了，相反你更需要拼命工作。你没有假期，即便有，有时也不得不取消假期来工作，因为创业初期你是唯一的劳动力。很多创业者一开始都难以维持生计，尤其是刚开始的阶段，因为他把一切都献给了自己的生意。

建设性不满

2017 年年底，茵维斯啵啵在全球 50 000 个地区销售，我们取得了不错的成绩。的确，我们可以选择见好就收。但业内有一种说法，我们称之为"建设性不满"，意思是无论取得多好的成绩，从长远来看都不会令人满意。因为下一次的成功或下一个产品的开发可能就在眼前。即使我们和一个零售商签订了价值 50 万英镑的合同，我们也会继续去争取下一个。这就是为什么我们的不满是建设性的，因为它帮助我们成长。当我们 22 岁的时候，我们就可以说："嘿，我们见好就收吧！"当时生意已经有了不错的发展。但是，尼基说自满会扼杀成功。一旦你为自己取得的成绩沾沾自喜，你身后就会出现数十个人企图夺走它。

　　尼基经常在公司会议上展示一张幻灯片，上面是奥运会游泳运动员迈克尔·菲尔普斯（Micheal Phelps）在比赛前几秒站在跳台上的画面。他完全专注于自己，去征服即将跳进的泳池。也就是说，我们应该只专注于自己，不去左顾右盼，或者过多地关注竞争对手在做什么。因为如果你这样做了，你很有可能会摔跤。你不能完全视而不见，不能忽视市场，但如果你总是在观察别人在做什么，并试图做同样的事情，你永远不会赢。

　　在我看来，那些抄袭我们产品的人并不是赢家。这有点像智能手机。在它们被创造出来之前，没有人知道他们需要智能手机，但如今智能手机是一个巨大的成功。同样，每个人都认为发夹或发卡的样子没有问题，直到我们向他们展示，可能还有另一种更好的选择。

毁誉参半的广告

　　直到 2017 年年底，我们一直依赖良好的公关宣传公司和产品，当然拥有良好的分销渠道也尤为重要。我们从没花过一分钱投放茵维斯啵啵的广告，但临近 2018 年年初，我意识到我们需要在美国留下更多的印记。我们有优秀的分销渠道，但令人担心的是，零售商可能会给我们的产品贴上自己的标签，我们需要让人们知道，茵维斯啵啵是最原版的螺旋发圈（肯定也是最好的）。

我们在纽约雇了一家广告公司，我和丽莎一同坐飞机前往商谈（因为飞机延误，我们从慕尼黑到纽约花了大约18个小时）。这是一场愉快的见面，我花了很长时间讲解我如何与菲利克斯创立了茵维斯啵啵，我们如何在欧洲和美国达到一定的分销规模，以及现在我们需要确保消费者理解我们。我们开始谈论产品的优势，但我并不希望它们成为广告的焦点，因为人们现在在商店货架上仍然可以买到自营品牌的螺旋发圈。尽管其他公司能够——而且已经——抄袭我们的产品，但它们无法仿冒我们的品牌名。

大约在创业的一年后，我们意识到人们并不能真正理解"茵维斯啵啵"这个品牌名，于是我们曾经决定给它起一个新的名字。我们把自己锁在一个房间里整整三天，集体讨论其他的选择。但是我们一无所获，所以继续坚持了下去。

一个常见的错误就是用一种产品的独特卖点来命名一个品牌。"茵维斯啵啵"代表了发圈不会留下痕迹的事实——这就是品牌名中"茵维斯"的意义。但事实上，当我们推出其他产品时，这个名字就可能给我们带来局限，因为严格意义上来讲，发夹不是发圈。

有段时间，我们考虑把"茵维斯"放在其他类型发饰的名称前面，比如"波纹"系列发夹可以命名为"茵维斯发夹"。但之后经过讨论，我们决定仍旧保持茵维斯啵啵的品牌名作为主

品牌，其他产品作为"分支"，比如"波纹""群星"（Bunstar）、
"缎面"（Sprunchie）系列，"缎面"系列是包布发圈，布料里
面包着茵维斯啵啵。这个结构的专业术语叫作"品牌架构"，当
然，我们在创业初期并不知道这个概念。

　　大公司里经验丰富的营销人员可能在第一天就已经构思好
了整个产品系列，并且有一个合理的品牌架构。但我不确定我
们是否也适用。因为如果我们此前把前所未见的螺旋发圈、塑
料发夹和新式包布发圈一起向零售商展示，他们可能会看着产
品系列说不行，你所有的产品都很奇怪，与其他发饰差别巨大。
谢谢，但是不用了。

　　不过无论如何，从一开始，人们就很难将"茵维斯啵啵"
品牌名进行理解和记忆。我甚至可以说，这是我们在品牌发展
中遇到的最大问题。我们清楚，人们知道螺旋发圈是一个产品，
但对于记住叫作茵维斯啵啵的品牌名，或者是了解我们生产了
最原始版本的无痕发圈，他们都很难做到。

　　在与广告公司的见面即将结束时，我提到了这个名字，并
解释说，我认为把"茵维斯"和"啵啵"放在一起不是一个问
题。我其实觉得这个品牌名很好，但显然这也大概是地球上最
复杂的东西。

　　大约一个星期后，广告公司向我们提出了三种广告方案的
思路。前两个我都不记得了，但是第三个让我笑出声来。在屏
幕上，他们给我看了一个词：

茵维—斯—咘啵（Invis-a-bobble）

接着屏幕上又弹出来一个：

茵波巴—维泽（Imboba-vizzle）

最后：

茵维比—哆啵（Invibi-sobble）

整个广告方案都围绕着一个事实展开，那就是没有人能正确读出"茵维斯啵啵"。他们的想法是用一种夸张的香水广告风格来拍摄，在三个女演员中来回切换，她们拿着一包茵维斯啵啵，用最性感的声音喊着"时尚""可靠""迷人"。但说到"茵维斯啵啵"的时候，她们就是说不准确，说成了"茵维—斯—咘啵""茵波巴—维泽"和"茵维比—哆啵"。此时一名导演开始指导她们如何读"茵维斯啵啵"，最终她们学会了，然后广告以"茵维斯啵啵，就是这么简单"的画外音结束。我喜欢这个广告，因为它完全关于品牌名，这是我们品牌最大的问题，而且它用了一种诙谐有趣又简单直接的方式传达了这一切。

但有些人讨厌这个广告。

他们讨厌它，因为他们说这是歧视女性，或反女权，因为广告里教女性怎么读茵维斯啵啵的导演是一位男性。但我保证这些女性肯定不会真的被认为是笨蛋，而且这个广告本身是在模仿一个香水广告，重点在于她们记不住品牌名这件事。

广告也深受部分人士的喜爱，因为我们实事求是地展示了人们记不住我们品牌名的事实。很多人在脸书上发表评论，很高兴我们嘲笑了那些自视严肃的香水广告。而那些将之解读为"反女权"进而讨厌它的人，他们极为愤慨，甚至在社交媒体上带上其他十个人的标签。效果完美。

有些品牌在市场营销方面平平无奇，这对我并不适用。我喜欢人们对这个广告反响的两极分化，因为这意味着人们会进行讨论。好处在于不管他们喜欢与否，都会告诉身边的朋友。

我们很难衡量广告对销售的确切影响，但我们知道这个广告大受欢迎，因为你能看到人们观看或点击它的次数。我们在2018年6月将其传到脸书上，作为美发广告，它的表现远远高于平均水平。

我一直很讨厌平平无奇、食之无味，或者是那些"还可以"的东西。我自我反思，其实我是害怕自己变得毫无特色。我的人生有一个很大的目标，假如我在思考"我做得怎么样"，那接下来我就会问自己更重要的问题："我做得很一般吗？"最令我失望的就是甘于平凡，因为如果你甘于平凡，那么你只会随波逐流。就像香草冰淇淋一样，每个人都喜欢它，但它不会是所有人的最爱。如果现在有一个寿司口味的冰淇淋，那你肯定会谈论它，记住它，因为你对其不是喜欢就是厌恶——虽然更有可能是后者。

我认为这或许是我一开始想到螺旋发圈，并且喜欢上它的原因之一，因为它看起来那么奇怪，绝对不会是香草冰淇淋。

创业逻辑

㉛ 当你的产品到了一定阶段后，要开始创新时

1. 配齐专业的产品开发团队及其设备
2. 利用各种可能性寻找性价比最高的生产工人
3. 最好小范围测试，确认没问题后再大范围上市销售

㉜ 当你尝试与大公司对抗之前

确保自己无懈可击，否则报复可能是致命的，最终可能是让步赔偿，得不偿失

㉝ 当你最终发现自己的品牌名不够好时

不妨尝试反向营销，获得足够关注，反而会使其成为记忆点

第十九章

全方位展示自己——

挖掘所有的推广资源

创业关键词：展示　用心

- ☑ ㉗首次演讲秀
- ☑ ㉘美国与中国巨大的文化与生活差异
- ☑ ㉙失败的市场开发，展会不再奏效
- ☑ ㉚专利被别人恶意申请
- ☑ ㉛企业成长六年以来没有创新产品
- ☑ ㉜来自大公司的报复
- ☑ ㉝难以记住的品牌名
- ☑ ㉞平台的突然下架
- ☑ ㉟出差时的身体不适

我学会了：

💡 各大品牌对亚马逊都又爱又恨；

💡 在店内建展示墙要花很多钱，但物有所值。

在线销售的优劣

我没有怎么讨论网上销售，因为我们没有太多经验。2012年，我们通过加拿大电子商务平台 Shopify 建立了一个线上商店，但大约一年之后就关闭了，因为我们成功地开始向美发沙龙和零售商进行大规模的分销。对我们来说，考虑到成本问题，拥有自己的网店是不可行的（目前而言），因为网店的快递费用几乎和三合一茵维斯啵啵的成本价格差不多。

当然，还有一个我没有提到的大型线上零售平台，各大品牌对它都又爱又恨。

亚马逊。

因为我们是一个没有自营店的品牌，需要依靠零售商销售茵维斯啵啵。我之前已经说过，这涉及大量的谈判和关系维护，我们经历了无数难以入眠的夜晚，坐过飞往世界各地的航班，为了应对某个预测产品销售额会连年惨淡的零售商，我们必须具备创造性思维。

亚马逊是一家独一无二的零售商。它的功能很强大，追踪了大量人们购物方式的相关信息，因此它可以准确地知道平台应该卖什么，以及卖多少钱。它可以用这些信息创建自有品牌，就像实体零售商那样。

同时它也是一个竞争激烈的平台。例如，你在亚马逊上搜索 GHD（英国最大的直发器品牌之一），然后页面的顶部会显示作为广告产品[1]的 GHD 直发器，接下来会是另一排此品牌的产品，但不是 GHD 直发器。再下一行就是全部的 GHD 产品。点击其中一个，进入产品页面。此时在直发器详情页面下方，又会出现一个高度相似但又不同品牌的广告产品，价格更为便宜。因此，每一个购买步骤，亚马逊都展示了各种广告，它们吸引人们离你原本想购买的品牌产品渐行渐远，亚马逊以此赚钱。

除非你严格管控自己的分销渠道（Gap 和 Zara 只在自己的门店销售，而阿迪达斯在很多渠道都销售运动鞋），否则你很可能

---

[1]　亚马逊产品搜索结果的首位，一般带有"sponsored"标志，是品牌商在亚马逊平台上购买的广告产品。

最终通过分销商出现在亚马逊平台上（也被称为"灰色市场"）。

　　与其他零售商一样，如果亚马逊收到任何形式的法律信函或发现任何征兆表明有一个产品的仿冒品正在平台上出售，他们会立即关闭你的店铺。2018 年年底，另一家发饰公司为一款看起来有点像茵维斯啵啵的发圈找了一些旧专利。那家公司写信给亚马逊，告诉它我们侵犯了这项专利，所以亚马逊立即停止了茵维斯啵啵的线上销售。

　　在亚马逊，与在线客服交流十分困难。他们通过在线系统处理大量的卖家问题，这要耗费很长的时间。我试图让他们重新销售茵维斯啵啵。所以，我做了一件让人难以置信的事情。我尝试给一个和我们有过一次专利纠纷的人打电话。我给他打了几个电话，留了几次语音，他都没有回复我。最后，我给他发了一封邮件。

发件人：我

收件人：专利人士

发送日期：2018 年 12 月 1 日星期六，上午 9:01

主题：圣诞节已经来了

亲爱的专利人士：

　　还记得我吗？我是茵维斯啵啵的苏菲，我们之前因为

专利大闹了一场，在某个圣诞节我送给了你一份大礼，让你退出了市场。

既然我已经得到了你的关注，我想让你知道，有另一家发饰公司正在亚马逊上销售，他们已经设法让平台关停了我们的店铺，声称我们违反了一些它们的旧专利。

你能帮我一个忙吗？你能举报 ×× 公司侵犯了你的专利吗？

我希望能早点收到这个圣诞礼物。

最贴心的问候，
苏菲。

我没收到过专利人士的回复，但是突然间，另一家发饰公司也在亚马逊上消失了。后来事情完全失控了，因为竞争对手随后举报了专利人士的产品。那段时间，亚马逊上没有任何一款螺旋发圈，而且正好赶上圣诞节。这些纷争花了几周的时间，那一年的圣诞节对我们而言没有多少快乐可言。

建一面专属的展示墙

我们在美国一家专业美容连锁店成功上架，这家店最初是一家发廊供货商，现在面对的主要是大众顾客。我们于 2018 年在那里上架，销售不错，但我还想做得更好。

我想建一面展示墙。

展示墙能让我们在商店里面拥有自己专用的展示区，只有我们专属的、独立的品牌和颜色，而且它只属于茵维斯啵啵。如果你去过商店的发圈区，它通常会在最上面横挂"超值"的标签，因为普通的、没有品牌或自营品牌的发圈都是便宜的产品，一张硬纸板上一次可以钉 50 根。拥有自己的商品墙就好像在商店里开设了高端品牌化妆品专柜。

因为我们凭借与众不同的产品及创新的包装，从本质上重新定义了发饰类别，我知道我们也可以创造一个看起来完全不同的展示墙。

这家连锁店非常适合茵维斯啵啵，因为它挤满了年轻、时尚的女性，她们热衷品牌，喜欢来这家美容连锁店享受愉悦的购物体验。它在全美拥有 1 200 家门店，具备极大的影响力。它饱受媒体关注，店内助理通常都是美容美发深度爱好者，对自己销售的产品非常上心。

不过，如果你想在商店里占更多的空间，你就需要尽力谈判。你想为自己的品牌争取更多的空间，其他公司的产品就必须为你的产品让路，你不得不付钱给零售商才能获得这种特权。除了把一箱箱产品运送到商店，你还得把装满产品的展示墙船运过去，你需要小心谨慎地包装，以免造成损坏，这花费颇多。而且由于零售商将展示墙视为广告区，你需要为此额外付费。

尽管我们投入巨大，但对我来说，这面墙是一个具有重大意义的交易，因为这是我们第一次"拥有"商店的部分区域。每次我和销售团队开会的时候，我都会问："我们的展示墙在哪里？"有时我会得到一个模糊的回答，比如"他们不让发饰有单独的展示墙"。但是我们总是会去尝试突破界限，无视规则，直面困难，走一步看一步。"他们不让"只是一个借口。对我来说，在世界上最负盛名的美容用品零售商之一的店铺里建一面展示墙是一件大事，就像创立茵维斯啵啵一样。我们花了大概一年时间的协商才让他们同意店铺加入展示墙，然后又花了六个月的时间设计、制作并运送到各家商店。

我认为设计非常重要，因为这是我们第一次真正意义上的与商店消费者进行沟通。人们不会听我在耳边唠叨茵维斯啵啵的一切，但是我们可以用包装和贴在墙上的东西告诉他们我们是多么与众不同。我们的展示墙有半扇门那么大，能够讲述更多的品牌故事和价值。关于展示墙的另一个优点是它的的确确是被钉在了……墙上。不像那些硬纸板的货架，展示墙不能被移动或撤走——我们永远都在那里，除非有人把我们撬走。用专业术语来说，就是"黏性营销"。

经过共计一年半的谈判、设计、研究和巨资投入，展示墙终于被送到了各家商店。我收到过很多照片，但从没见过实体。直到 2019 年 6 月，我第一次前往洛杉矶参观我们的展示墙。我在那里开了一周的会议，直到旅行结束，我才有机会和伊格纳西奥（Ignacio）一起参观一家商店，伊格纳西奥是为茵维斯啵啵美国市场服务的员工之一。他已经看过这面展示墙，对其非常满意，但他坚持让我们一起前去，并且带上了香槟，准备为新的展示墙干杯。

第一次去看那面展示墙，我不知道自己会开心大笑，还是激动落泪，或许又只是耸耸肩觉得仅此而已。我们约定好在所有会议结束后的一个周五下午去商店。

但在当天晚上，我突然头痛，十分严重。

我们还是按时去了杂货店，我的手里还拿着一小瓶香槟、一些薯片和两个塑料杯，这仿佛是我做过的最艰难的事情。在去商店的出租车上，我的头痛愈发厉害。我把脸贴在出租车的侧面，告诉自己，记住，苏菲，你正在坐车去一家商店参观你自己的茵维斯啵啵展示墙，上面有你的脸，就在墙中央，除此之外还有茵维斯啵啵的标志和其他所有东西，它们有自己的专区！加油，一定要挺过去！

我们终于到了商店，周围是其他商店和一个大型停车场。我头痛得几乎没法从车里走出来。但是我一直以来苦苦等待、无数个日夜追寻的时刻，终于到来了，我内心兴奋。

我们走了进去，来到了墙边——茵维斯啵啵展示墙。

我调整了一下呼吸，开始计算，确认所有的挂钩数量及挂在上面的茵维斯啵啵是否正确。45 个挂钩准确无误。其中 4 个挂钩与季节相关，我们在上面陈列了特别款，我们可以自己选择具体的陈列物件和时间。看起来非常不错！

在我们参观完展示墙后，我们理应与洛杉矶公关部门的员工吃晚餐，但是我的头痛让我已经说不出话来。伊格纳西奥自己去了，我回到酒店休息。下午五点半，天还没有黑，但是这一觉缓解了我的头痛。凌晨五点半，我吃完了所有东西，起床去分外空旷的比弗利山庄（Beverly Hills）晨跑。

我慢跑回酒店，看着自己微笑。我们拥有了自己的展示墙。

▍创业逻辑▍

㉞ **当你束手无策时** 不妨尝试利用之前的竞争对手

㉟ **身体不舒服时** 创业是艰辛的，有时你需要克服一下

第五部分

永远在路上

创业永远在路上。选好方向，做有意义的事情，之后一往无前。电话线发圈是一个很好的选择，也是一项值得坚持的事业。

第二十章

在有意义的道路上不断前行——

坚守发圈事业的价值

创业关键词：学习　价值

☑ ㊱永远还有新的挑战

我学会了：

随着公司发展壮大，保持创业文化至关重要，你可以通过讲故事做到这一点；

我深吸了一口气，以创始人的身份亮相；

没有头发的男人知道茵维斯啵啵是什么。

美好的旧时光

当我回顾茵维斯啵啵过去取得的成绩时，我感到非常骄傲。诚然，我们犯了一些错误，但对我而言，这是唯一的学习方法。

在 2012 年那个寒冷的 12 月，我在大学宿舍里花了一周的时间，试图想出一款我可以自己制造并销售的产品。上大学时，菲利克斯和我想把时间用在更有意义的事情上，而不是一周七天晚上喝伏特加汤力，白天偶尔读书学习。我相信我们从未想象或幻想过茵维斯啵啵会发展成现在的规模。事实上，菲利克斯说，当他年轻的时候，他"见了鬼也不会"想到自己会在发饰行业工作。

父母也决不会提供资金让我们创立一家发饰企业（或其他任何企业）。菲利克斯精明强干的商业能力和我充满创造力的视野帮助我们取得了成功。这同样也得力于我们的商业伙伴达尼和尼基的完全信任。茵维斯啵啵现在已经完全成了新旗的一部分，是它的自营品牌之一。与此同时，我也入驻了新旗，成了它的第四任首席执行官和股东，当然，我仍然是茵维斯啵啵创始人。

我们很幸运能遇到优秀的商业伙伴，能够在海外上大学和做生意是一种荣幸，但我更认为，无数的艰辛努力和辛苦付出才让茵维斯啵啵最终获得了成功。在我们遭遇抄袭、货船着火、发现工厂作假的时候，我们本可以就此放弃，但我们继续前进并不断成长。

2019 年 4 月，我们庆祝公司卖出了第 1 亿根茵维斯啵啵，但在某些方面，我感觉我们才刚刚开始。

我的梦想是在纽约和伦敦开一家茵维斯啵啵的旗舰店，既漂亮又明亮，类似于高端但又亲民的化妆品专营店。旗舰店会陈列我们所有的产品系列，从经典版茵维斯啵啵"晶莹剔透"到各种样式的"情人结"（Bowtique），以及新出的"锁缠巨星"

（Wrapstar）——茵维斯啵啵加长丝带，2020年在德国面世。

商店里会有一个免费的发型设计吧台和一个私人订制站，人们可以在那里订制自己的三合一包装，包装上会印有他们的名字。还有一个可以用来拍照的快照亭，人们可以将照片直接上传Instagram，同时还可以参加比赛来获得茵维斯啵啵纯金或纯银手链。当然，里面还会有一个四季墙，用来展示所有的特别款和合作成果。它就像是为你的头发开设的一家创意满满、丰富多彩的糖果屋。像这样的旗舰店成本非常高，因为你必须支付固定租金，但它们可以提升品牌喜爱度和认知度。

我也想过通过我们的官网做网上直销，但这并不划算。如果有人只花很少的钱购买产品，那么完成订单对我们来说成本过高。尽管我们是一家创新企业，创造了全新的商品门类，并说服了零售商为我们承担风险，但实际上我们自己非常小心谨慎。例如，我们不会在市场营销上花费很多钱，总会尝试去寻找经济实惠（但不吝啬）的方式。

说到营销，我们已经从偷偷溜进时装秀，暗暗期待着名人穿戴茵维斯啵啵，成长为精心设计Instagram的动态，为美发师举办有趣的活动。2019年夏天，我建立了自己的Instagram账号（sophie_invisibobble），因为我们意识到人们对茵维斯啵啵的故事颇有兴趣，大约从那个时候，我开始写这本书。

作为创始人，我经营公司长达八年，陪伴品牌一起成长。品牌的成长反映了我们的人格成长。随着我们越来越成熟，我

们对自己本人及公司的运营方式有了更深刻的理解，也学会了
如何与彼此和客户保持良好的关系。

我对茵维斯啵啵的态度也不再是羞于谈论（还记得我们第
一次在英国大规模上架，我却跑到瑞士滑雪场的角落里大哭，
不想告诉任何人吗？），而是主动成为品牌的代言人。尽管一开
始我有点怯于抛头露面，但我发现了人们对于茵维斯啵啵背后
的故事饶有兴趣。现在很多品牌已经没有了创始人，所以我们
可以利用这个优势。在展台看到自己的照片，或者在 YouTube
上看到自己的视频，我仍然有种奇怪的感觉，但在逐渐适应。

我们有时会在办公室谈论"美好的旧时光"，当时茵维斯啵
啵还是一家杂乱无章的初创公司，菲利克斯和我要打开一个个
来自中国的发圈包裹，把它们铺在菲利克斯父母家的客厅地板
上。虽然现在公司变得井然有序，但我仍然会想念那些我们必
须亲力亲为的日子，那时的我不得不假装自己是茵维斯啵啵的
法务部人员和积极争取的经销商谎报自己的年龄是 22 岁，当时
的我们还是青少年。

我们竭力维持公司文化，我们每个月都会在公司内部的酒
吧与全体员工小聚。喝着伏特加汤力酒（或啤酒——最近我喜
欢喝啤酒，我搬去了巴伐利亚州 ①，啤酒是当地传统早餐的一部
分），我偶尔会讲述我创业的故事，当年菲利克斯和我不得不自

---

① 巴伐利亚州即 Free State of Bavaria，位于德国南部，是德国面积最大的联邦州。

己打包装有成千上万根茵维斯啵啵的托盘，然后因为包装有问题惨遭罚款（两次），又或者我会谈谈当年我们考察中国工厂的遭遇。

我也会和团队分享自己 TEDx 演讲的经历。在演讲中，我着重强调了三点：如果新产品或业务能够做到简单、便宜，而且你不一定要成为所在行业里的专家，那么它们就能够获得极大的成功。简单即美好，因为这样我们可以快速推出产品——若非如此，即便产品价格再便宜，我们也可能早就失败了。不了解所选行业（尤其是菲利克斯）并不是一个问题，正因为我们不懂规则，所以这意味着我们可以以自己的方式做事——有时在过程中会打破规则。

我们所拥有的是远见——将一个发圈品牌化，把它与生活方式联系起来。这表示我们不仅可以在时尚商店和百货公司，而且可以在普通药店出售茵维斯啵啵。我们不是圈内人，这意味着我们无须人为地约束自己，而是可以忽略发圈只是钉在纸板上的廉价商品，只在商业街的连锁店出售的规则。

我的最后一点是关于低成本创业——就像我说的，茵维斯啵啵创立时价值相当于 1 350 杯伏特加汤力。

我想要说明我们之所以能够成功，是因为我们没有做其他人做过的事情，虽然这同时意味着我们承担了风险。我希望公司里的每个人都能理解茵维斯啵啵的文化，比如会有某一个不属于新产品开发团队的员工向我们表达他的想法。我们会给他冒险和试错的机会。如果失败了，没有关系——再接再厉。我更喜欢有冒险精神的人，即便没有成功，也好过思前想后五十多次，最终因为没有胆量而不去行动。

我们没有退出战略这一事实对企业文化也产生了积极的影响。许多从事常规工作的人梦想着成为企业家，而我很幸运能实现这个梦想，我为什么要放弃呢？

做有意义的事情

人们经常问色拉布（Snapchat）的创始人埃文·斯皮格尔（Even Spiegel），为什么拒绝脸书以传说中 30 亿美元的价格收购公司的提案？

"这件事最大的好处在于，无论你最终是否出售公司，你都获益匪浅。如果你出售了，那么你当即知道这不是你的理想，但如果你不出售，你很可能大有作为。因为也许你正在做一些有意义的事情。"这是 2015 年斯皮格尔在加州大学马歇尔商学院（University of California's Marshall School of Business）毕业典礼上讲述的理由。对我而言，茵维斯啵啵正是"有意义的事情"，它是我热爱的事业，我希望别人也同样喜欢它。我非常关心消费者对我们产品的看法，我每天都会浏览社交媒体上的评论（好评和差评），我都会直接回复。最近一次，我花了 20分钟在 Instagram 上为一个客户提供一对一服务，帮助她挑选合适的茵维斯啵啵款式。

我知道茵维斯啵啵不能改变世界，不过我最初萌生这个想法的原因是，我想找到一种不让人头疼的方法把头发扎起来。我们每天都收到很多使用茵维斯啵啵的女性发的消息，她们告诉我们其实这个发圈已经改变了她们的生活，因为她们不再头疼。这样的消息让我们的产品充满意义。正如我所说，我们没有改变世界，但我们在改变数百万人日常生活的小细节，使其变得更好。对我来说，这是值得为之努力的事情。

而且，我们远不是坐等业务自行运转（尽管我现在度假时不用每时每刻都查看手机，唯恐出现下一个灾难），我们需要比以往任何时候都要投入更多的爱和关心，这样才能让营销人员称为"门类之王"的茵维斯啵啵继续担负这一称号，将我们的品牌推向全球。我一年有三分之一的时间都在旅行，这听起来很有趣，但这意味着我对机场的内部环境、拥挤狭窄的飞机和千奇百怪的飞机餐有了更深刻的了解。

以下是我在2019年的航班：

1月4日 芝加哥—伦敦

1月5日 伦敦—马德里

1月6日 马德里—慕尼黑

2月12日 慕尼黑—纽约

2月17日 纽约—蒙特利尔

2月19日 蒙特利尔—明尼阿波利斯

2月19日 明尼阿波利斯—旧金山

2月22日 旧金山—慕尼黑

3月4日 慕尼黑—伦敦

3月5日 伦敦—慕尼黑

4 月 1 日 慕尼黑—特拉维夫

4 月 4 日 特拉维夫—慕尼黑

4 月 25 日 慕尼黑—马德里

4 月 28 日 马德里—慕尼黑

5 月 10 日 慕尼黑—哥本哈根

5 月 12 日 哥本哈根—慕尼黑

5 月 17 日 慕尼黑—里斯本

5 月 19 日 里斯本—慕尼黑

6 月 7 日 慕尼黑—柏林

6 月 9 日 柏林—慕尼黑

6 月 11 日 慕尼黑—洛杉矶

6 月 18 日 洛杉矶—波士顿

6 月 19 日 波士顿—慕尼黑

6 月 21 日 慕尼黑—哥本哈根

6 月 23 日 哥本哈根—慕尼黑

7 月 12 日 慕尼黑—布达佩斯

7 月 14 日 布达佩斯—慕尼黑

7 月 19 日 慕尼黑—巴塞罗那

7 月 21 日 巴塞罗那—慕尼黑

7 月 24 日 慕尼黑—巴黎

7 月 25 日 巴黎—慕尼黑

8 月 1 日 慕尼黑—伦敦

8 月 1 日 伦敦—慕尼黑

9 月 4 日 慕尼黑—马略卡

9 月 8 日 马略卡—慕尼黑

9 月 9 日 慕尼黑—巴黎

9 月 10 日 巴黎—慕尼黑

9 月 17 日 慕尼黑—伦敦

9 月 17 日 伦敦—慕尼黑

9 月 27 日 慕尼黑—洛杉矶

10 月 5 日 洛杉矶—慕尼黑

10 月 14 日 慕尼黑—阿姆斯特丹

10 月 15 日 布鲁塞尔—慕尼黑

10 月 15 日 慕尼黑—约翰内斯堡

10 月 16 日 约翰内斯堡—开普敦

10 月 17 日 开普敦—约翰内斯堡

10 月 17 日 约翰内斯堡—慕尼黑

11 月 4 日 慕尼黑—伦敦

11 月 10 日 伦敦—慕尼黑

11 月 14 日 慕尼黑—曼彻斯特

11 月 16 日 曼彻斯特—慕尼黑

11 月 19 日 慕尼黑—法兰克福

11 月 19 日 法兰克福—深圳

11 月 23 日 深圳—北京

11 月 23 日 北京—慕尼黑　　　　12 月 1 日 柏林—慕尼黑

11 月 29 日 慕尼黑—马德里　　　　12 月 9 日 慕尼黑—巴黎

12 月 1 日 马德里—柏林　　　　12 月 9 日 巴黎—慕尼黑

　　一共 60 趟航班，而且我不知道这个数字在短时间内会不会继续增长。

　　我希望茵维斯啵啵能成为人们用来指代任何螺旋发圈的名称，比如胡佛（Hoover）[①]、谷歌和舒洁（Kleenex），因为达到这一地位的品牌都是它们各自所在行业的先驱。不过，这些品牌同时背负了责任，要一直保持第一的位置，这就是为什么我一年飞 60 次，不断提醒团队我们如何走到了现在，并坚持不懈地关注品牌的长远发展的原因。我意识到，尽管品牌备受人们青睐，但每个人购买发圈的数量是有限的。因此，我们要继续努力，成为全球最受认可的、炙手可热的发饰品牌。

　　还记得慕尼黑机场那个没有头发的中年保安吗？就是那个对安检机里"一大堆弯弯曲曲的东西"感到好奇的男人？对我来说，那只是某几个瞬间之一，我感觉我们走的这条路是一条正确的道路。

　　"那些螺旋状的发圈不会在头发上勒出印子，也不会让你头疼。每个小塑料方盒装三根发圈？"他说道。

---

① Hoover（胡佛）为 TTI 公司旗下产品，该公司成立于 1907 年，在美国发明了第一台电动清洁机，也就是现代吸尘器的原型。

接下来的画面是这样的，我盯着他，扬起了眉毛，不敢相信会有一个陌生男人知道我们的产品。

"我妻子很喜欢！她买了很多，常常掉落在我们房间的床底下，我们会把它们捡起来堆在一起。"这个男人说。

哇。

"噢，对了。她最喜欢的颜色是……这个。"他一边说，一边从我的包里拿出一个三合一装糖果粉发圈。

"你把它们叫作什么？"他说，拉上了我的行李包拉链，"好像是茵维沙……"他尽力了。

"茵维斯啵啵。"我坚定地说。

"是的，就是这个。茵维斯啵啵，就这么简单。"

然后他把箱子还给了我。

创业逻辑

㊱ 即使你已经小有成就，获得阶段性成功 你仍需继续成长。企业文化的建设、战略的决策和业务的拓展需要创业者们持续不断的努力和奋斗

版 权 声 明